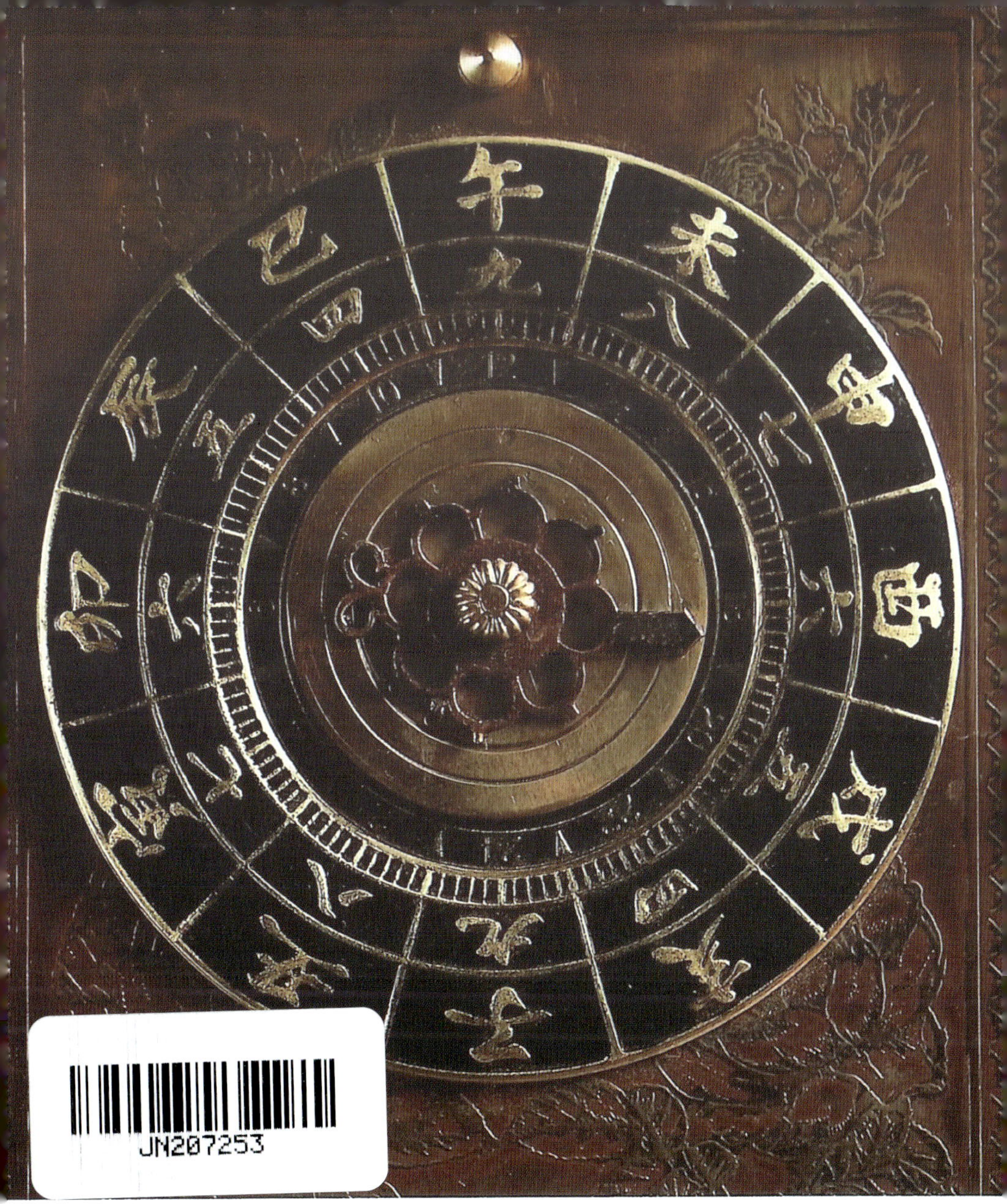

不定時法文字盤

和時計の文字盤は、一日を昼と夜に分け、夜明けと日暮れを境として昼夜をそれぞれ六等分し、九ツから四ツまでの数字が、十二支で示され、その両方が記されているものもある。示針のデザインも意匠的で、優れた美的感覚を見せている。

二挺天符式袴腰型櫓時計

和時計の中で、最も完成された様式美を誇るものの一つである。刻打・目覚まし装置つきで、真鍮カラクリ。文字盤の下には十干十二支のカレンダー状デジタル表示が取りつけられている。

（復元品）

（高さ　全長一〇四センチ　機械部三三センチ）

二挺天符式鉄カラクリ櫓時計

京都に在住していた有名な時計師による作品で、刻打・目覚まし装置つき。歯車、骨組みから側板まで、すべて鉄製である。（復元品）

（高さ　全長一一〇センチ　機械部三三センチ）

正面（向こう側）以外の側板をすべてはずし、露わになった機械部の様子。複雑にからみ合った歯車がよく見える。

一挺天符式櫓時計

江戸時代後期、外国勢力の侵入と共に入り込んだ西洋時計のデザインに影響を受けたと見られる飾柱がついている。小型化への兆候が見られる。（復元品）

（高さ　全長八五センチ　機械部一六センチ）

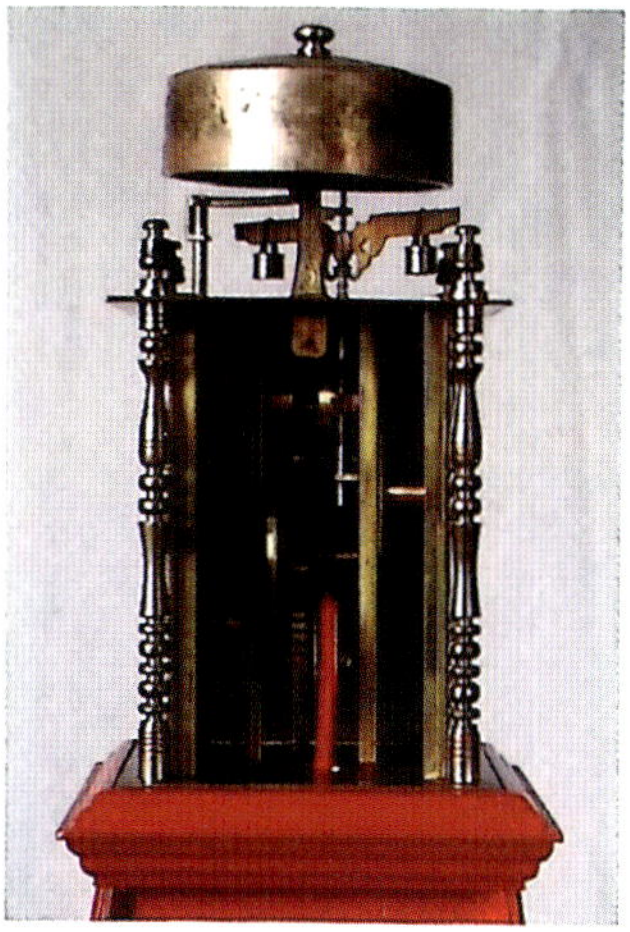

機械部の様子。鐘が浅く飾柱がある幕末期の特徴をよく表している。

一挺天符式櫓時計

文化文政期以降のもの。右頁の和時計同様、西洋時計のデザインの影響と見られる四本の飾柱が、四方の角に立てられている。(復元品)

(高さ　全長九七センチ　機械部二七センチ)

定時法用に改造された文字盤。従来の十二支はそのまま残し、九ツから四ツまでの数字の代わりにヨーロッパ式のローマ数字で二十四刻が刻まれている。示針は固定され、文字盤が右方向に回転する「えとまわり」型。

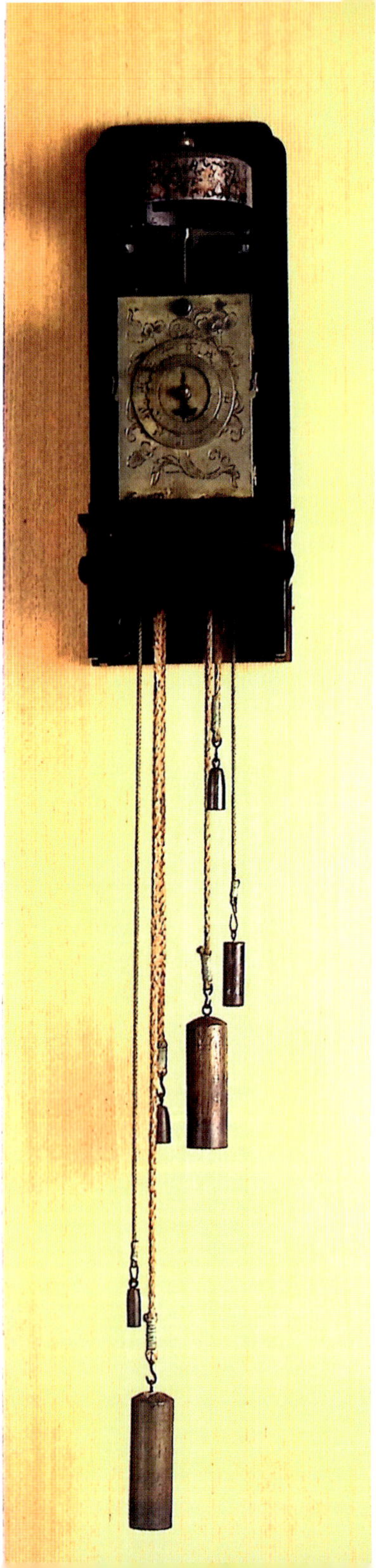

一挺天符式掛時計

明治五年（一八七二）の改暦にあたり無用の長物と化した二挺天符不定時法和時計を、改造により一挺天符定時法和時計として甦らせたもの。

（高さ　全長三五センチ　機械部二二センチ）

枕時計（大名時計）

枕時計は「大名時計」とも呼ばれ、紫檀や黒檀のガラス入りケースに納められていて、和時計の中で最も豪華な作品である。機械は真鍮製で金メッキや彫刻、飾柱で装飾されている。割駒式ぜんまい駆動、円天符が多く希に棒天符式もある。

（高さ　全長26cm～35cm）

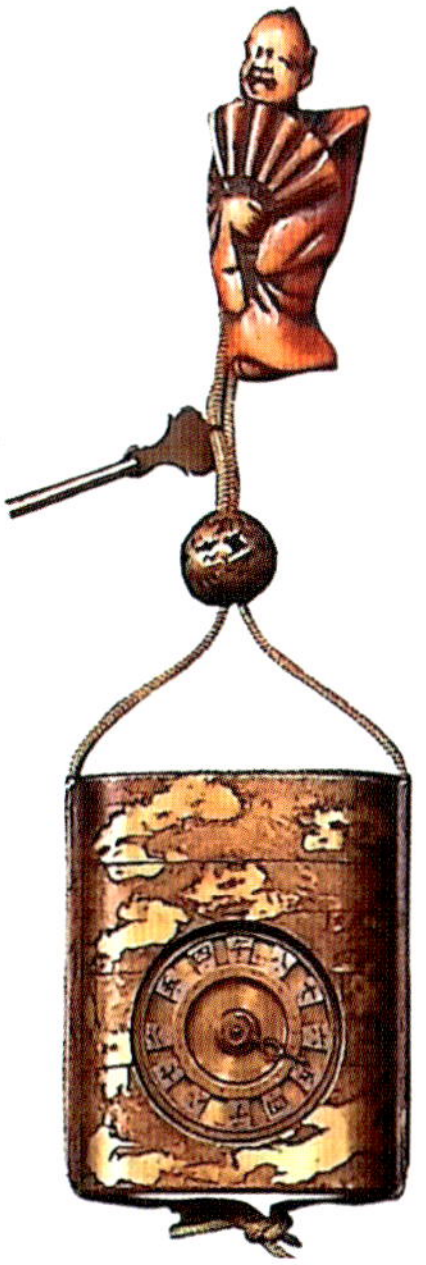

金蒔絵印籠時計

高蒔絵が施された印籠形ケースに時計を仕込み携帯用としたもの。時盤は割駒式で蓋裏に収納されている鍵でぜんまいを捲き上げて使用する。

（ケースの大きさ7×4cm　厚さ2.8cm）

ドン正午日時計(キャノンダイヤル)

ヨーロッパ製を模倣し日本で製作。南中した太陽光がレンズに集光され火薬に点火、大砲が鳴って正午を知らせる

澤田　平　著

鉄砲から見た和時計

創風社

目次

はじめに

「和時計」とは、江戸時代に製作され使用されたわが国独特の時計のことです。

これを「大名時計」と呼ぶ人もいますが、そこには強大な権力と財力の匂いがして一般庶民には近よりがたい存在を感じさせます。そのためか、現在の日本人で和時計を詳しく知る人は少ないようです。

和時計は江戸時代の時刻制度である「不定時法」に合わせて作られたもので、これも現在の「定時法」社会で生活する人々にとっては、なじみがたく理解しがたいものです。

不定時法とは、夜明けから日暮れまで、また日暮れから夜明けまでを、それぞれ六等分して一刻とするものです。一刻は約二時間ですが、日の出、日の入りの季節変化によって、一刻の長さが毎日変化するという複雑なものです。

このような複雑な時刻表示は、今日ならばコンピューターが簡単に解決してくれるでしょう。けれども四百年も昔の人々に、機械的構造の制約の中でこれを解決することは、技術的に困難な問題であったはずです。

しかし、日本人は見事に不定時法時計を完成していたのです。

農業生産を主産業とする、いわゆる農耕社会では太陽の光や動きを生活の基盤とするため、不定時法は自然で理想的な時刻制度でした。

江戸時代の永い鎖国時代にあって、西欧がなし遂げた産業革命を知見することもなく、世界でも希な平和な時代を日本人は享受します。

しかし、十九世紀の後半に入って、わが国は欧米の強引な干渉によって開国を余儀なくされ、国際化の時代に突入します。もはや世界でも希な不定時法国家という異質な存在は許されないものとなり、明治六年（一八七三）一月一日をもって明治新政府は定時法を採用し、国際社会への仲間入りの証としたのです。

したがって明治五年をもって、和時計の実用的使命は終わったのです。和時計はその動きを停止させられ、埃《ほこり》をかぶり、あるいは物入れの中に押し込まれて忘却されてゆきます。役立たずの無用の長物として邪魔物にされ、売りはらわれて古物商の店頭に肩身を狭めて並ぶこともあったでしょう。

この不思議で可憐なまでに美しい和時計に最初に目を惹かれたのは外国人でした。教育もあり美術品への造詣も豊かな欧米知識人が極東の野蛮な一島国で見たものは、信じられないほどの数多くの精緻な工芸品の存在でしたが、その中に和時計もあったのです。

文明開化の風潮の中で西欧文明の文物が怒涛のごとく舶来し、その華やかさに眩惑され日本人はわれを失います。世界に誇るべき高度な工芸美術品が大量に海外へ流出したのです。

恥ずかしいことですが浮世絵と同じように、和時計の価値を認め研究を始めたのは外国人でした。外国の研究者から和時計について質問や調査を受けても、まともに対応できる日本人はごく少数でしょう。無理もありません。欧米の有名な博物館や資料館は必ずといってよいほど、素晴らしい和時計を保有しているのです。和時計の豪華な図録本や詳細な解説書は外国人によって出版されています。明治の文明開化によって日本人は得たものも多かったのですが、失ったものもまた多かったのです。

私は学者でもなく時計の専門家でもありません。永年日本の古式銃、いわゆる「和銃」の研究をつづけて来ましたが、日本の銃砲史が時計史と軌を一つにしていることに気づきました。もともと、時計も鉄砲もヨーロッパ文明の象徴的な工業製品として同時にわが国へ上陸して来たのです。日本の国史上、誰もが記憶すべき「鉄砲伝来」という歴史的大事件はすなわち「時計の伝来」でもあったのです。

日本の銃砲史には全く遺物が存在しないという暗黒時代があって、不明の部分が多すぎます。実物資料の滅失や散逸、文献史料の乏しさが原因ですが、和時計にも全く同じことがいえます。したがって和時計も和銃も体系的な研究は完成していません。

時計と鉄砲は伝来の歴史的背景が同じであるだけではなく、工業製品として共通点が少なくありません。鉄や銅、真鍮《しんちゅう》などの金属素材だけではなく台や枠に木材が使用され、いずれにもメカニズムがあって機械的な構造に類似性が著しいのです。

鉄砲は伝来そのものに多くの謎を秘め、その造砲技術にも未解明の部分が少なくありません。その解明には伝来当時の工業技術の水準において、火縄銃の製作再現実験を試みるのも良い方法でしょう。

しかし、わが国には「銃砲刀剣類所持等取締法」や「武器等製造法」があって、古式銃とはいえ復元製作することは法律に抵触します。そのために和銃と技術や素材の酷似する和時計の製作を考え、和銃製作技術の探究の代替としたのです。銃砲史の解明された部分と未解明の部分と和時計のそれとが重なることもありますが、微妙なズレも見られます。それは互いの不明の部分を補足し合うことになります。

そうなのです。和銃の世界から和時計の世界を見ますと、今まで見えなかった事実がはっきりと見えてきたのです。

法を遵守するために始まった和時計製作は銃砲史と時計史の技術的解明に役立ったばかりでなく、新しい事実の発見と日本人の民族性や文化の成熟度など精神面での再発見にも及びました。

製作しつづけた和時計は十数台に達し、一部は国立博物館や市立の博物館で常設展示され、江戸時代の時を刻みながら時鐘を打ち鳴らしています。

いつの間にか全国唯一の平成の和時計師として喧伝され、各地からの新作注文や壊れた和時計の修復依頼が多数よせられ、古銃研究の主目的を見失いそうになっています。修復作業は研究にもなり、ボランティア活動ですが、復元新作時計は工場製作に依託し、年間数台の注文に応じています。

和時計を研究される学者や愛好者は今後も現れると思いますが、論じる前にぜひ一台でも自作されることをお勧めします。和時計を知り理解するための早道ですから。

平成の御時計師となった私が極言できることは「鉄砲は時計なり」という結論であり、それはまた「時計は鉄砲である」ということになります。

和時計と鉄砲は「江戸のハイテク技術」を代表する工業製品として、恐ろしいほどの類似性を共有するものであったのです。

I

鉄砲から見た和時計

鉄砲の伝来とほぼ時を同じくして西洋からもたらされた機械時計は、日本人の手により、やがて日本独特の時刻制度「不定時法」に対応した和時計へと変貌を遂げる。銃砲史の世界から時計史を見る時、不明の部分の多かった技術的発見の過程に、ほのかな光が差し始める。

鉄砲と共に上陸した機械時計

和時計とは「昔時計」とも「日本時計」とも呼ばれたことのある、中世戦国時代から明治初年まで使用された日本独特の機械時計のことです。

日本に初めて機械時計が伝来したのは、種子島に鉄砲が伝来した頃とほぼ時を同じくします。日本人が直接的に初めてヨーロッパ人と接した時、ヨーロッパ文明を代表する象徴的な二つの工業製品として、鉄砲と時計を知ったのです。

鉄砲は天文十二年（一五四三）、種子島に漂着したポルトガル人の手に携えられて上陸しました〔写真①〕。この事件は翌年より引きつづいてヨーロッパ——日本間の航路が開かれる契機となったのです。

天文十八年、スペインの宣教師フランシスコ・ザビエルは、キリスト教布教のために初めて鹿児島に上陸しました。

この時ザビエルは、祭事の時刻を知るために必要であった時計を持参していたはずですが、記録にはありません。

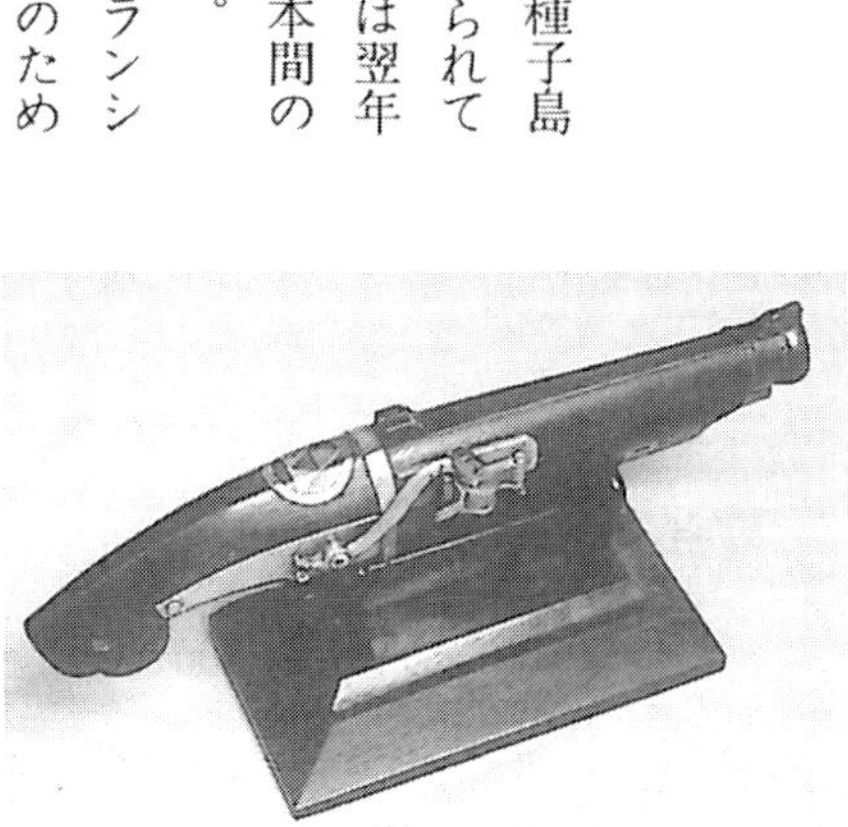

〔写真①〕青銅砲身短筒。鹿児島県内の旧家に保存されていたもので、江戸期に種子島家の蔵品であったと伝えられている。元目当の位置が南蛮銃や国産第一号銃に酷似しており、鉄砲伝来において象徴的な作品である

それから二年後の天文二十年、周防国《すおうのくに》（山口県）の探題であった大内義隆《おおうちよしたか》の庇護《ひご》のもとに、ザビエルはこの地での布教の許しを得ました。

この時、ザビエルが義隆に献上した数々の品の中に「自鳴鐘《じめいしょう》」があります。自鳴鐘とは時計のことで、これが文献上、最初に日本に上陸した機械時計です。『大内義隆記』の中で記述されているこの時計は現存していないため、どのようなものであったかを知ることができません。

慶長十六年（一六一一）、当時スペイン領であったメキシコの総督から、徳川家康に贈られたスペイン・マドリッド製の機械時計が静岡県の久能山《くのうざん》東照宮に現存しています〔写真②〕。わが国における最も古い機械時計であり、鉄製の内部構造は和時計の構造に似ており、時計伝来史上、貴重な資料となるものです。

この時計はランタン時計と呼ばれるぜんまい駆動の旅行用時計ですが、一五八一年、スペイン人ハンス、デ・エバロによって製作されたと信じられてきました。

近年、隠された本当の作者の銘は「ニコラス・デ・トロエステンベルク」が一五七三年にブリュッセルで製作したもので、偽銘であることが判明しました。

ザビエルが義隆に献上した自鳴鐘も、これに似たものであったかもしれません。ザ

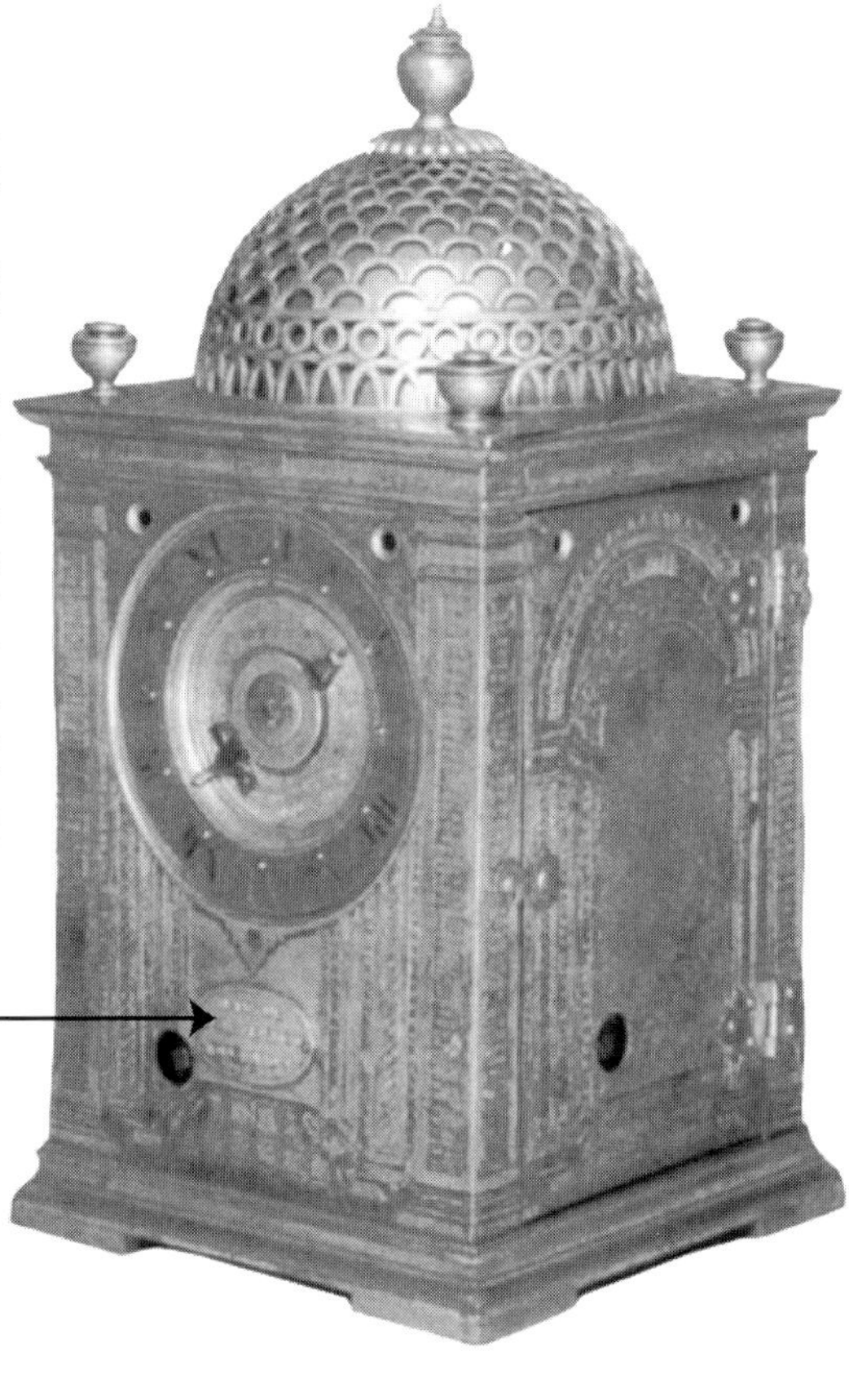

〔写真②〕ぜんまい式ランタン時計（旅行用）。ハンス・デ・エバロ作。一五八一年スペイン・マドリッド製との偽銘。（久能山東照宮蔵）

ビエルはこの時、「三本の砲身をもつ高価な燧石《すいせき》式エスピンガルダ（長い銃）」も献上しています〔写真③〕。ヨーロッパ文明を代表する工業製品としての意識が、この贈物にも表れているのです。

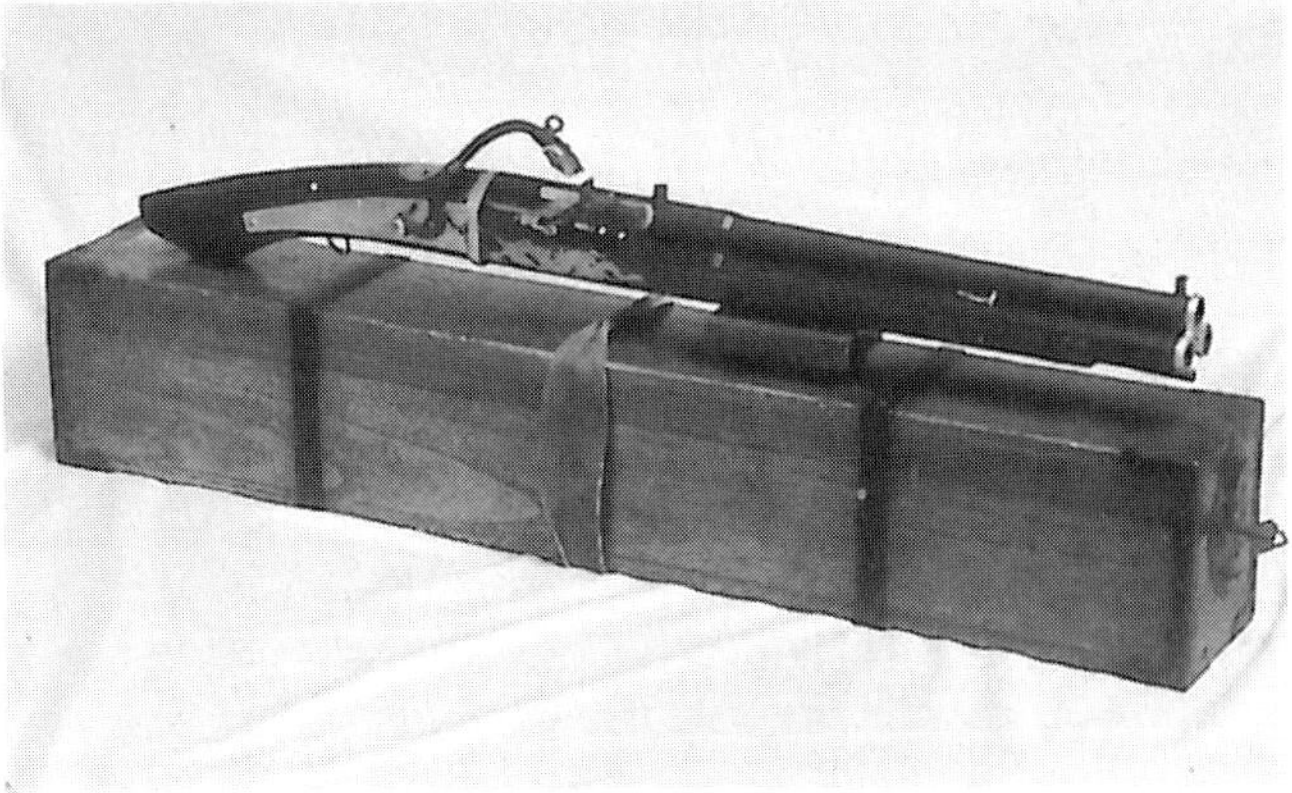

〔写真③〕三連火打式銃（燧石式火縄式兼用三連発銃）。寛永時代に将軍家光の命で作られたものとして有名。ザビエルの文献の中の鉄砲を形にすればこうなるであろう

このようにして、最初に日本を訪れ、鉄砲をもち込んだのはポルトガル人でしたが、ポルトガル本国では鉄砲も時計も作ってはいませんでした。ポルトガル人は大胆にも大海洋に乗り出し、大航海時代の水先案内人となったのですが、国内での工業水準はいたって低かったのです。

時計の日本化と二つの課題

南蛮人、すなわち南欧人であるポルトガル人やスペイン人によってもたらされた鉄砲と時計に強いカルチャーショックを受けた日本人は、しかし独特の対応を示しました。それはたちまちにしてこれらを倣製し、国産化に成功したことです。のみならずそれらは日本の風土や習慣に合うように、独自の改良や考案が施されました。すなわち日本化です。

〔写真④〕日本の鍔師の作品は良質な鉄地と精緻な細工で知られており、その美術的表現はまさに絵画といえる。この伝統技術はただちに機械時計の歯車製作に転用された

　アジアにおいて、鉄砲と時計を自国の能力のみで国産化に成功したのは日本人だけです。布教を名目として来日したキリスト教の宣教師たちは、実はこの国の植民地化をも目論む侵略の先兵でもありました。しかし彼らの見たものは、鉄砲伝来後、たちまち全国に普及したおびただしい数の鉄砲と、毅然《きぜん》とした教養高き国民の姿でした。この国に対しての武力による征服の困難さを、宣教師たちはローマ法王庁や本国の政府に報告せざるを得ませんでした。

　日本での時計製造の初めについてはよく分かっていないのですが、キリスト教宣教師たちは布教と共にゼミナリヨ（神学校）を設け、ここで印刷術やオルガン、時計や天文測量器具などの製作法を教えたといわれています。

　この頃は中世戦国時代のまっただ中です。わが国の工業水準はいかなるものであったでしょうか。工作機械こそ発達していませんでしたが、日本刀に代表されるように製鉄や鍛鉄《たんてつ》技術は世界的水準を充分に満たすものでした。

　時計に先行して鉄砲製造技術も確立していました。鉄砲はネジやパイプ、機関部の製作といった新しい技術を誘発させる製品であったのです。

鉄砲を独力で生産した日本人が、時計を独力で作れないわけはありません。

時計の最も重要な部品である歯車は刀剣の鍔《つば》師の手で直ちに製作されます。むしろ逆に歯車をデザインした透かし鍔さえ「時計鍔」として製作されているのです〔写真④〕。

鐘や柱や側板の製作などには、すべて既存の優れた鋳造、鍛造の技術の集積があります。これを飾る彫刻や飾金具などの加工技術は、鎌倉南北朝時代の甲冑《かっちゅう》や武具にも素晴らしいものをいくらでも見ることができます。機械時計が伝来した時、わが国には時計をたちまち倣製し得る既存の技術と技術者が多数存在していたのです。

ただ解決しなければならない技術的な問題が二つあります。その一つは時計を動かすためのエネルギーです。

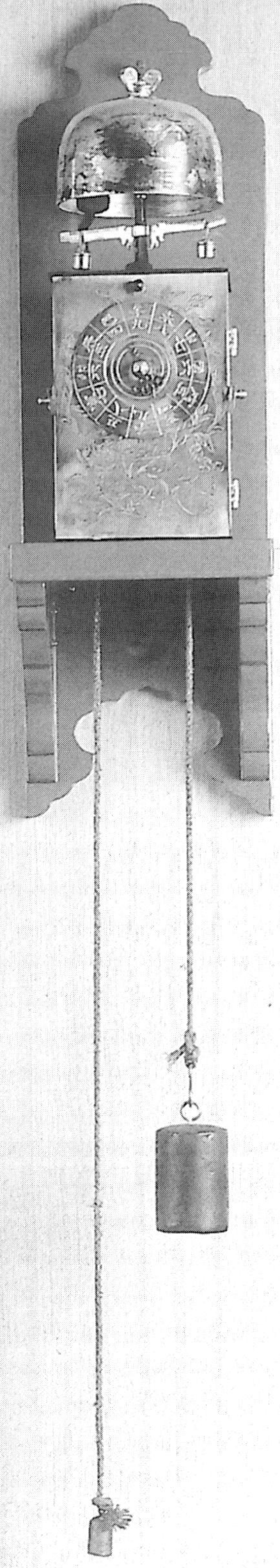

〔写真⑤〕掛時計（壁時計）と台時計（櫓時計）は、設置の仕方で呼び方を分けたものだが、全く同じものとはいえない。台時計は重錘の長さが限られているため、短い長さで時間が稼げるよう輪列の作りが細かくなっている。反対に、掛時計は重錘の長さを充分取れるため、輪列の作りがよりシンプルになっている

ヨーロッパでは機械時計のエネルギーとして、ぜんまいバネと重錘《おもり》を利用していました。わが国では鉄砲のカラクリの一部に真鍮《しんちゅう》製のぜんまいを使用することはありましたが、時計を長時間動かせるだけのぜんまいの開発はまだありませんでした。

そのために国産の時計は、エネルギーとして重錘を用いる掛時計や台時計から始められたのです（写真⑤）。

もう一つの問題は時刻の制度です。「定時法」を採用する世界の趨勢《すうせい》に反して、わが国だけは「不定時法」を固持しつづけていたのです。そのため、伝来したヨーロッパの時計をいくら完全に倣製したとしても、日本国内の日常の生活の役には立ちません。

日本独持の時刻制度「不定時法」

定時法というのは一日の長さを二十四等分に分割する時刻制度で、現在の世界の時刻制度とほぼ同じです。

不定時法というのは、一日を昼と夜に分け、それぞれを六等分に分割するもので、季節によって昼と夜の長さが異なり、したがって単位時間の長さも変化します。昼と夜の区分は日の出、日の入りによって分けられますが、日本では夜明け（星が見えなくなる時）を明け六ツ、日暮れ（星が見え始める時）を暮れ六ツとして昼夜を分けています。

明け六ツ、暮れ六ツから五ツ・四ツ・九ツ・八ツ・七ツと数えます。

時刻を知る数字が九から四までというのも不思議で、それも減数する逆算というのも不思議です。

これについていろいろ意味づける説はありますが、わが国独自の慣習によるもので、以前流行語にもなった一種のファジーとでもいうものでしょう。

この不思議な数字の配列と共に、十二支の「えと字」も使用されています。十二支は子《ね》から始まって亥《い》に終わりますが、それに数字があてられています。

子―九ツ・丑《うし》―八ツ・寅《とら》―七ツ・卯《う》―六ツ・辰《たつ》―五ツ・巳《み》―四ツ・午《うま》―九ツ・未《ひつじ》―八ツ・申《さる》―七ツ・酉《とり》―六ツ・戌《いぬ》―五ツ・亥《い》―四ツ。

一昼夜を十二刻で表すのですから一刻は約二時間、これではおおまかすぎますので一刻を二分し、九ツ半・四ツ半といった表現をします。

午の刻は現在の正午、子の刻は深夜の十二時です。午前・午後といった昔の時刻制度の文字が現在も生きて使用されています。「お八《や》ツの時間」「丑《うし》の刻《とき》まわり」「丑《うし》みつ刻《どき》」などもあります。

不定時法というものは原始的な時刻制度ですが、農耕社会にとっては都合のよいことも多く、決して不合理な時刻制度ではありません。しかしわが国だけがこの時刻制度を守りつづけ、不思議な数字の配列など独自の運用をおこなっているのですから、外国製の時計が役に立たないのは当然です。まして日ごとに一刻の単位時間が変化してゆくのですから、コンピューターでも内蔵しない限り、機械でこれを表示することなどできるはずはないのです。

それをやってのけたのです。日本人はそれをやってのけたのです。

それが和時計なのです。初期の和時計製作については記録も資料も全くありません。それは伝来した鉄砲が、戦国期においてあれほど多数の生産と使用がなされたにもかかわらず、ほとんど遺物が見られないのと同様です。

鉄砲と同じく、高度の工業技術であったわけですから、製作技術は秘伝とされ、これについての記録も少ないのです。

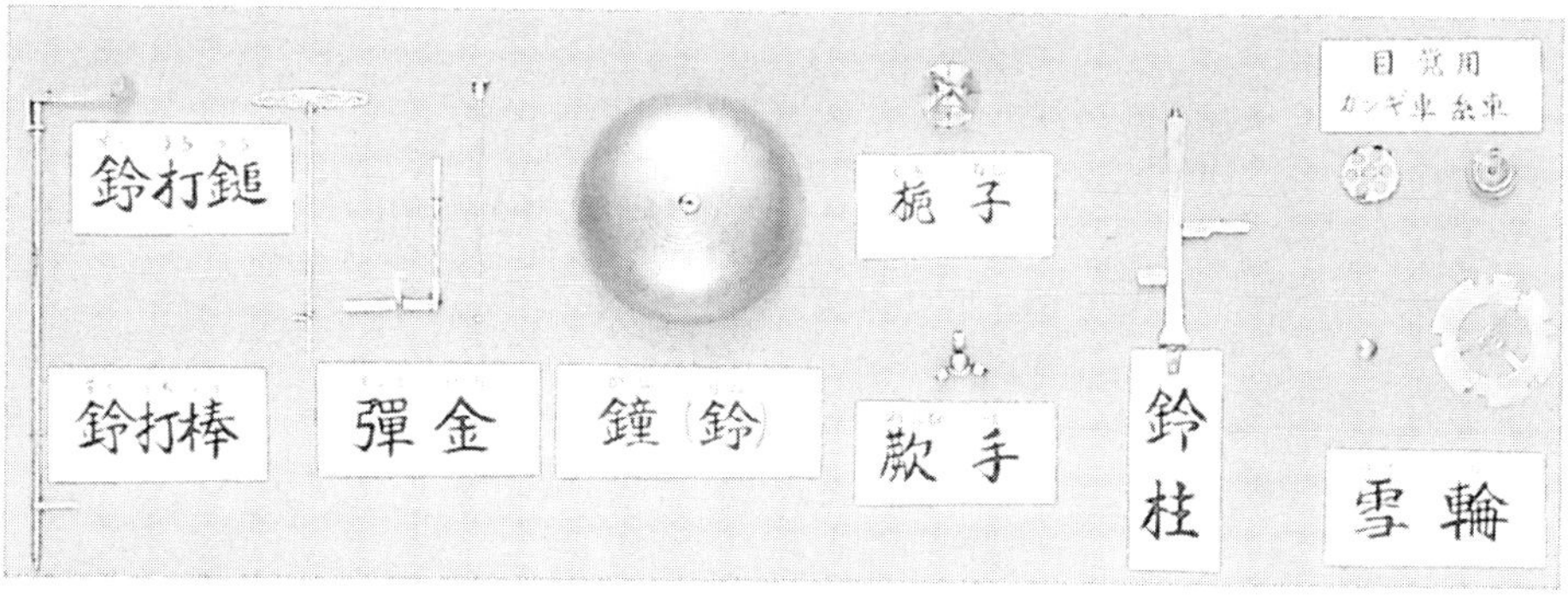

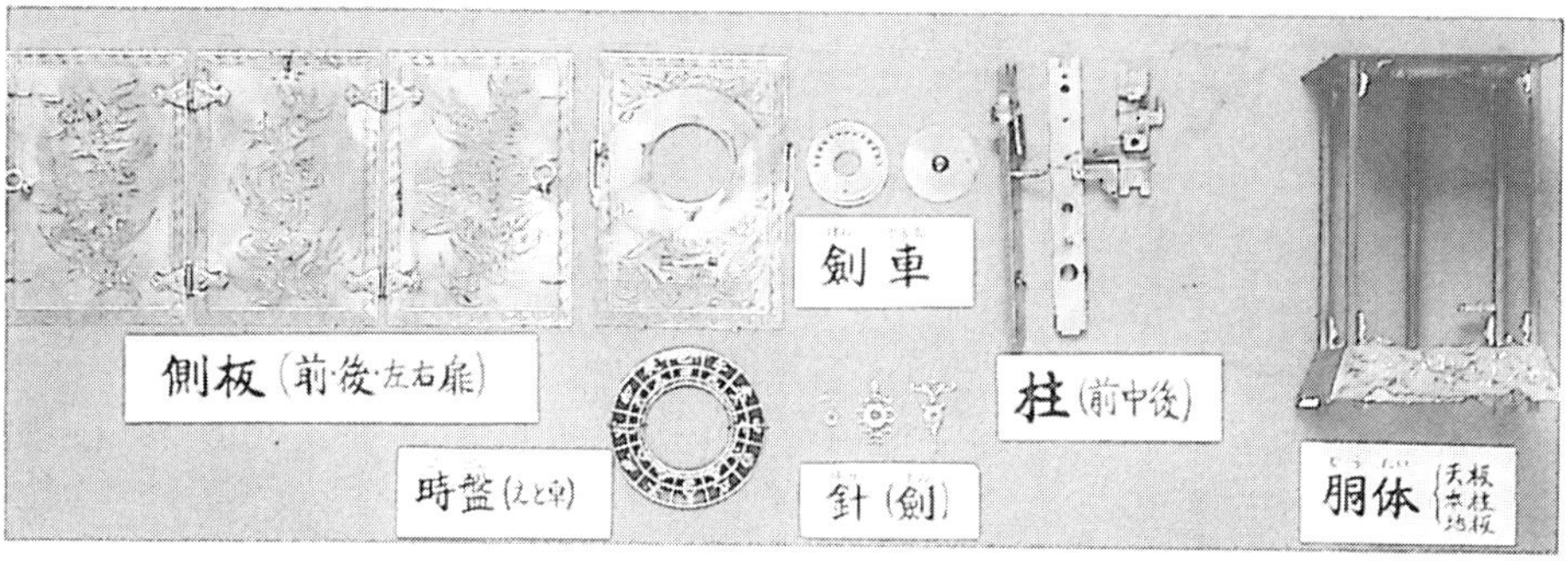

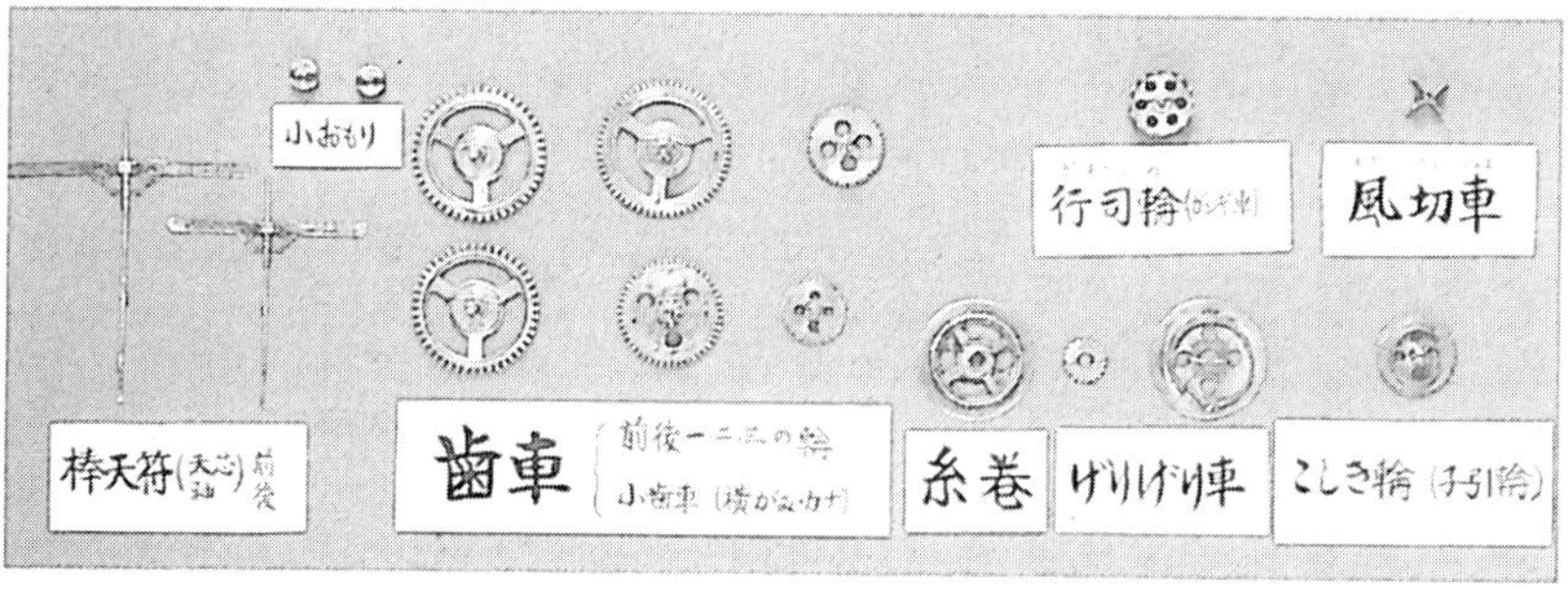

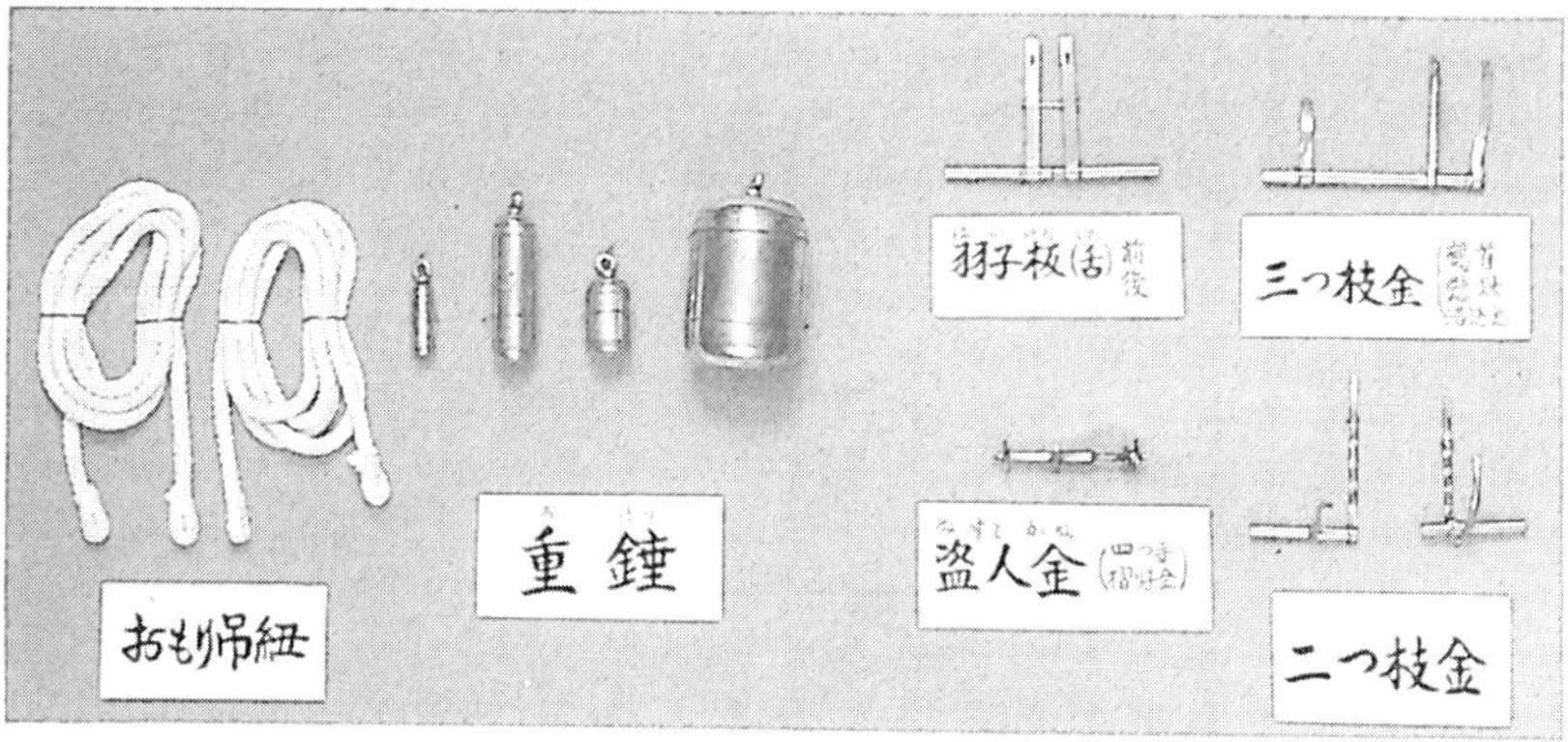

（写真⑥）二挺天符式袴腰型櫓時計（口絵二頁）のカラクリを分解して展示したもの。歯車の作りが刀の鍔と似ているのがよく分かる。個々の部品の名称は、それぞれの機能を想起させるものとなっており、興味深い。現代の時計の部品や機能と照らし合わしてみるとおもしろいだろう

時計は鉄砲なり

現在見ることのできる、江戸初期に製作されたと推定される和時計は、刀剣や鍔や鉄砲といった武器製造の高度な技術が集約されたものと判断することができます。歯車も骨組みも、そして側板さえ総鉄製のものがあります。飾り気の少ない大ぶりなその姿は、戦国時代の実用本位の武骨な武器を彷彿《ほうふつ》させます〔写真⑦〕。

和時計の研究者は、機械時計が伝来した後の、何も分からない不透明な暗黒時代の永さに戸惑います。そして銃砲史の研究者も、それと同様の苦しみを味わいました。和時計と同様に和銃の本格的研究者も少なかったのです。

銃砲史の世界から時計史を眺めますと、今まで見えなかった、和時計の世界の不明の部分がほのかに見え始めます。

「時計は鉄砲なり」。歴史的にも技術的にも恐ろしいほどの共通性を有するこの二つの工業製品は、やがて江戸時代の日本人の生活の中にしっかりと腰をおろし、想像もできなかった二十一世紀のハイテク日本の繁栄を約束する基礎的な技術の土台となったのです。

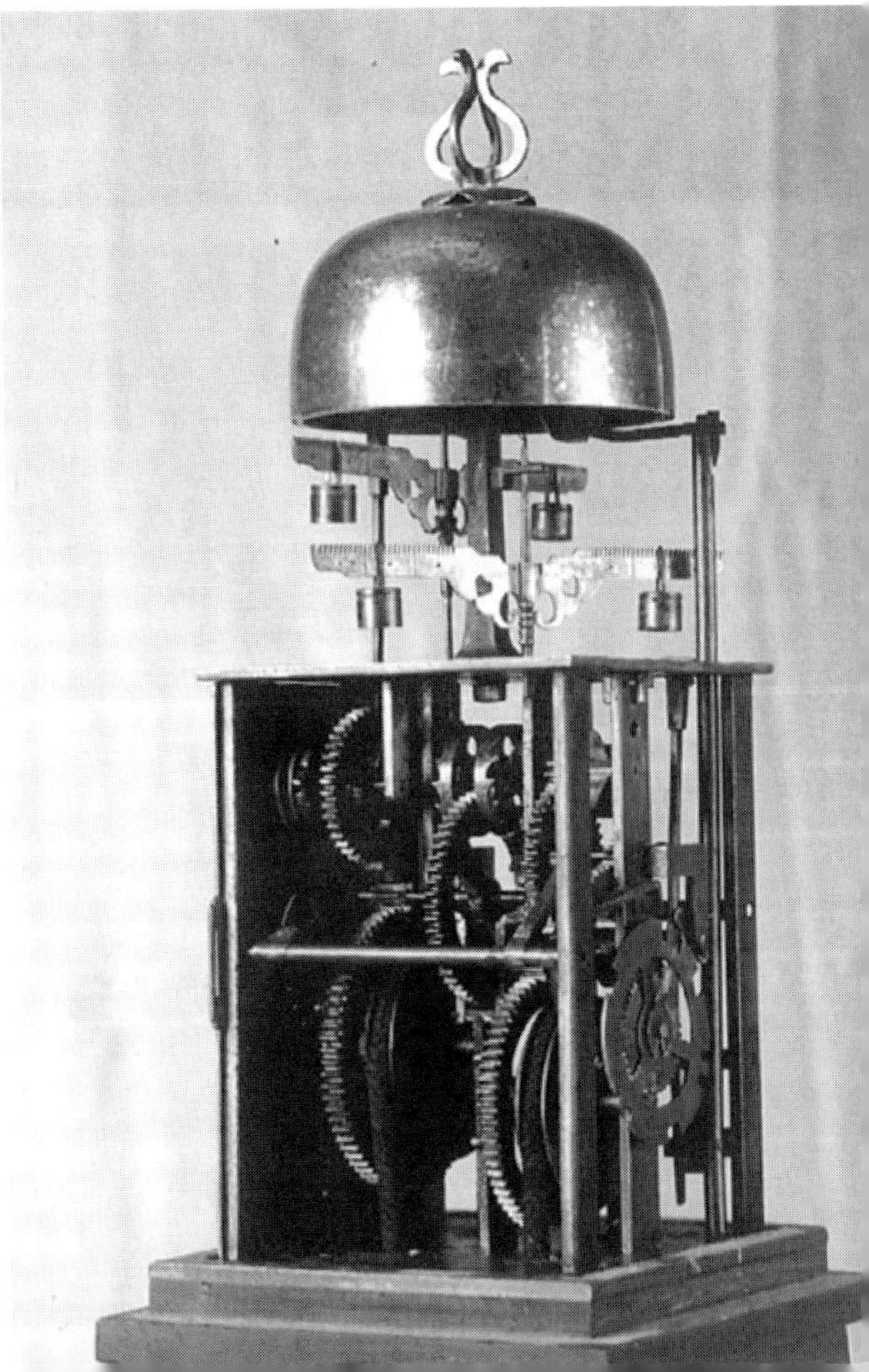

〔写真⑦〕口絵三頁掲載の二挺天符式櫓時計の機械部。歯車、骨組みとも総鉄製

Ⅱ

秘伝が残した謎の空白

不定時法に対応するため、当時最高のハイテク技術が投入された和時計。その技術のノウハウは秘密とされ、書物や文書による記録を残すことは極力避けられた。すべては親から子へ、師匠から弟子へと「口伝」によって伝えられたのである。

〔写真①〕時計師や鉄砲鍛冶は、しばしば権力者のお抱え工となったため、「御」の字を冠して自らを誇った

希少なる古作和時計

日本で最初に作られた機械時計については、記録も作品も残されていないため、全く分かっていません。

天保三年（一八三二）に編纂された『尾張志』の中には、

「徳川家康が朝鮮より献上を受けた自鳴磐《とけい》が破損したので京都中に修復できるものを触書《ふれしょ》をもって探した。洛中の鍛冶職であった津田助左衛門《つだすけざえもん》は細工事を好むため駿府に参上して修理に成功し、更に同じものを新作して献上した。これによって家康に認められ、忠吉公の御抱え時計師となって京都から尾張へ移住《うつりす》んだ。異国より来た自鳴磬は簡便の器であるが、その製法を知る人もなく、津田助左衛門が初めて修復した功少なからず、日本時計師の元祖ともいうべきである」

と記されています。

事実、津田家は尾張藩の御《おん》時計師兼鍛冶頭として明治維新までつづいた家柄でした（写真①、図①）。

しかし、鉄砲は伝来して一年も経《た》たずして国産化されています。戦国時代にあって強力な新鋭武器が渇望されていたという事情はあったにせよ、鉄砲倣製の技術はそのまま時計の倣製にも転用し得るものでした。

家康が朝鮮国から献上された時計はどのようなものか不明ですが、それまでに国産化された機械時計もあったはずですし、そ

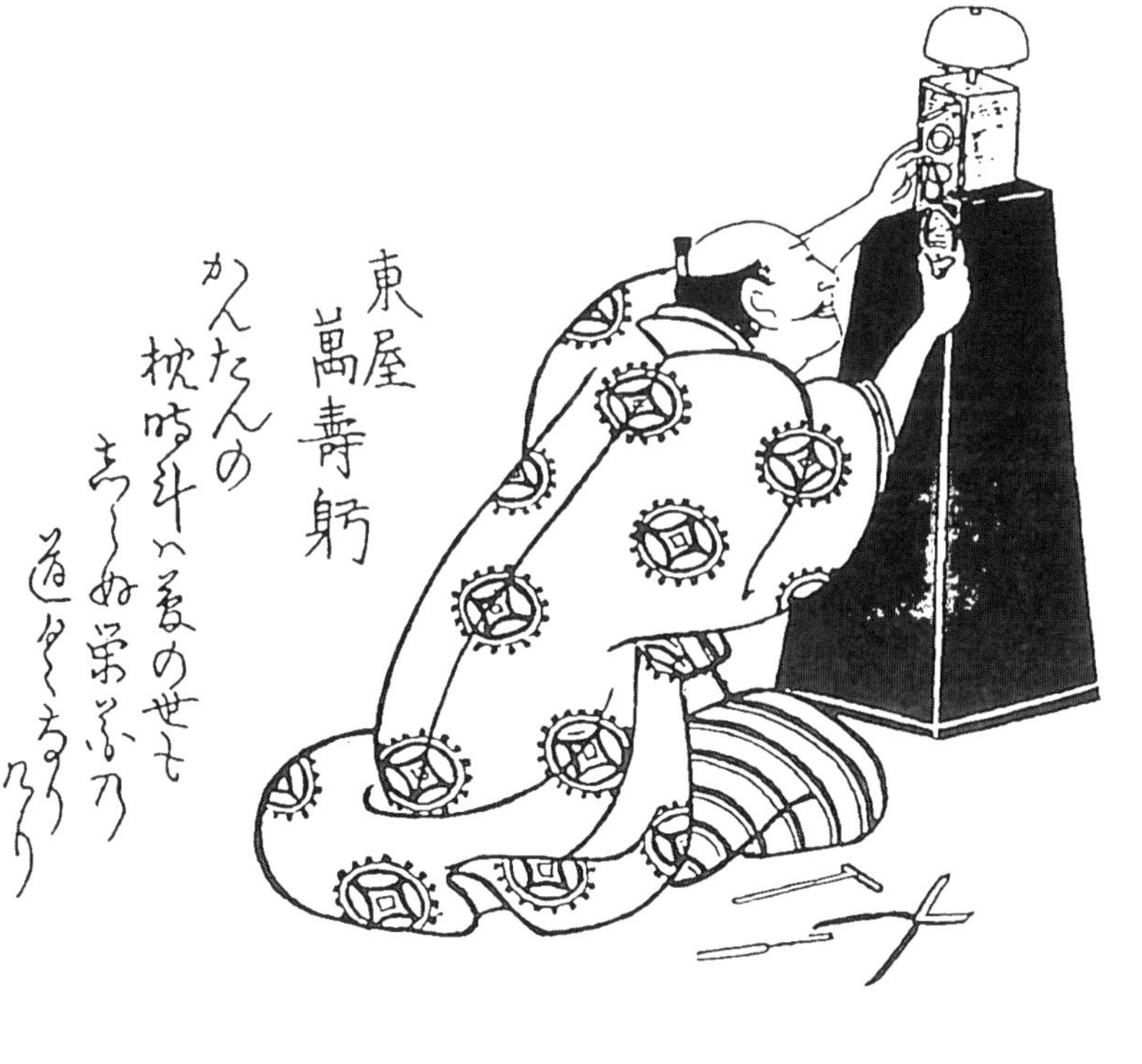

〔図①〕時計を製作している江戸時代の時計師を描いた「略画職人尽」（一八二六）

れはおそらく定時式の西洋時計をコピーしたものでしょう。

このことで、ある有名な大学の教授が大騒ぎしたことがあります。日本へ機械時計が伝来した直後の定時式文字盤をもつ和時計を、アメリカの博物館の収蔵庫でついに発見したというのです。したがって、この和時計は天文（一五三二～五四）以降、慶長（一五九六～一六一四）以前の古作品であって日本最古の機械時計であると結論されたのです。

私もその古作時計の写真を拝見しました。総真鍮《しんちゅう》製で、ご丁寧にも四本の美しい飾柱《かざりばしら》が四方の角に立てられています。確かに文字盤は十二支や漢字ではなく、ヨーロッパ式のローマ数字で二十四刻に刻まれています。見れば二挺天符《にちょうてんぷ》であったものが、下の天符は取り除かれて一挺天符になっています。定時式なれば天符は一個でよいからでしょう。

私にはすべてが分かりました。慶長以前にわが国特有の昼夜時計である二挺天符が存在するわけがありません。また、飾柱のついた総真鍮製の和時計は文化文政期（一八〇四～二九）以降に見られる幕末期作品の特徴の一つです。室町末期から桃山時代の頃には、真鍮は高貴な金属で国産化はされていませんでした。江戸中期には世界一の銅産出国となるわが国でも、銅と亜鉛の合金である真鍮の国産化は慶長期以降で、室町期においては高価な舶来貴金属であったため、総真鍮製の和時計など黄金の茶釜より高価なものになりましょう。不定時式時計の中にあって、世界をも驚かせた二挺天符のアイデアは元禄時代から少しさかのぼる頃に現れたもので、慶長以前に存在するわけはありません。

教授が見た定時式文字盤をもつ和時計は、幕末期に製作された二挺天符の時計で、明治五年（一八七二）の改暦に際して定時式に改造（改悪？）されたものだったのです。同様の改造を施された和時計は私のコレクションにも見られます〔口絵六頁〕。

太陽暦の採用によって一日は二十四時間となりました。和時計の示針は一本で一日に一回転するのみです。棒天符と冠形脱進機という原始的機構では、決して正確な定時法時計にはなりません。四から九までの時鐘は一から十二までを打たねばなりません。雪輪《ゆきわ》（時鐘用歯車）は複雑になり、時時数え違いもしてしまいます。

明治五年十二月三日の太政官布告によって定時法の採用となり、和時計は役立たずとなりました。安価で正確で使いやすい欧米製の時計が大量に輸入され、ごく少数の和時計が改造されて使用されましたが、多くは明治五年をもって使命を終えたのです。そして海外へ流出しました。伝来直後のわが国最初の国産機械時計を発見した、と騒いだのは、実は明治寸前に製作された終末期の新しい和時計を改造したものだったのです。

これに似たお話は銃砲史の中にもあります。鉄砲の伝来地である種子島の旧領主、種子島家には、天文十三年（一五四四）に島の刀鍛冶であった八板金兵衛《やいたきんべえ》が製作したという国産第一号と称する鉄砲が所蔵されています。しかし、この鉄砲は銃身に刻まれた鍛冶銘から、実は安永年間（一七七二～八〇）に島の鉄砲鍛冶、平瀬新七定堅《ひらせしんしちさだかし》によって製作されたものと判明しました。

本当に歴史性のある古い資料は残りがたいようです。和時計そのものが希少な存在であり、古作の資料は完全に消滅してしまっているのです。戦国期にあって天正三年（一五七五）の長篠《ながしの》の戦いや、当時の世界最大の銃撃戦といわれる慶長五年（一六〇〇）の関ケ原の戦いなどに使用された膨大な数の鉄砲が、全く残されていないこととよく似ています。

現存する和時計でも製作地・製作者・製作年月日の確認できるものは大変少ないのです。それは在銘の和時計が少ないためですが、時には機械部の柱や側板、収納箱、櫓《やぐら》台に記銘されていることがあります。

このような記銘から製作年月が知られるもので最古の和時計は、寛文十三年（一六七三）の「時計屋左兵衛」のものです。わが国に時計が伝来してから百二十年間の暗黒時代がここにあるのです〔写真②〕。

この寛文時代の和時計にはいくつかの特徴があります〔写真③〕。

一、比較的に大型である。全高四十センチ前後。

二、機械部は鉄カラクリで一挺天符。

三、側板は鉄製か銅板製で無装飾。

四、鐘は大変深く、鐘を留《と》めるネジは簡単な二頭の蕨手《わらびて》型。

五、文字盤は漆《うるし》で手書きされたもの。時には朱漆で全体を塗り、その上に毛

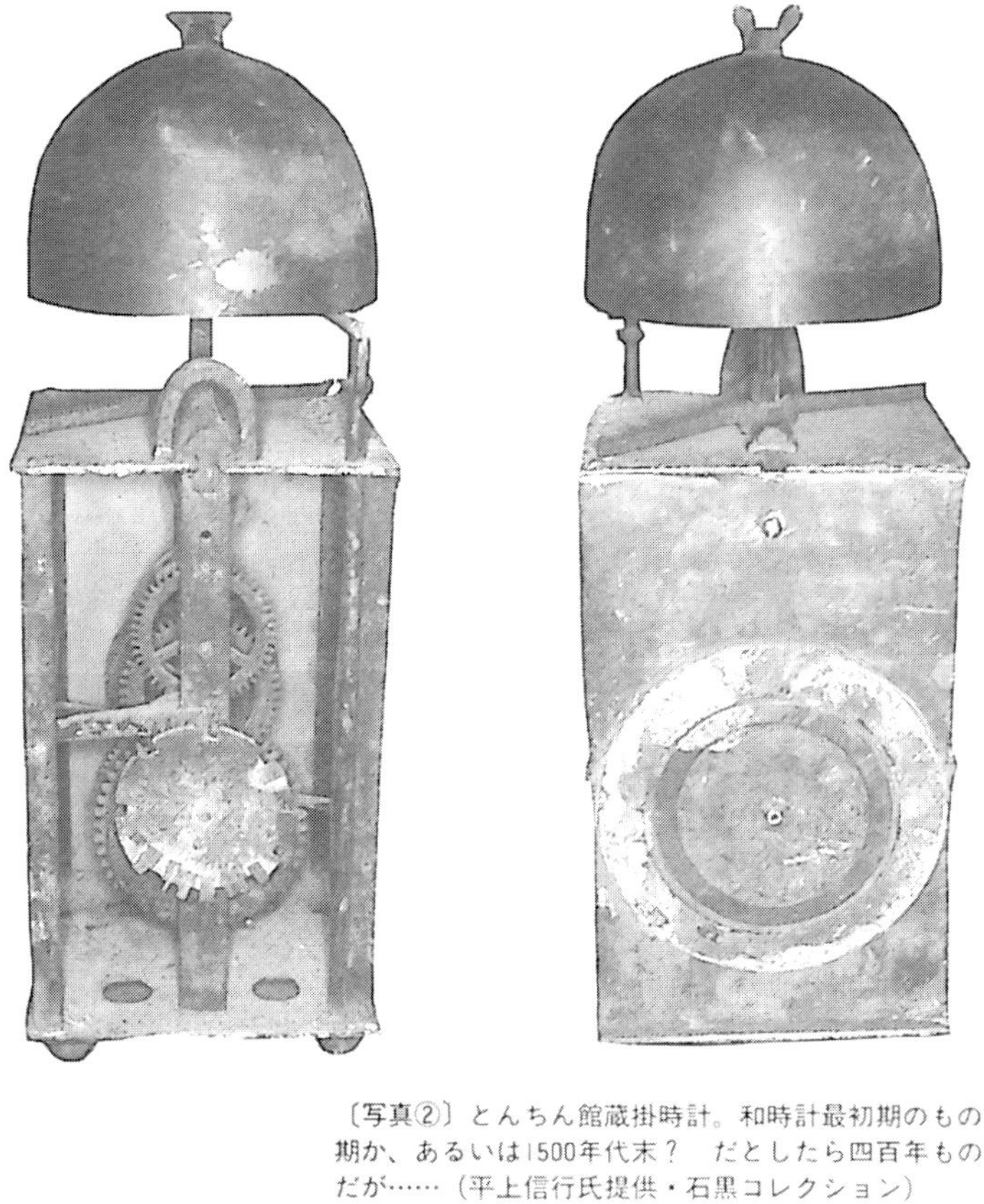

〔写真②〕とんちん館蔵掛時計。和時計最初期のもので、江戸初期か、あるいは1500年代末？　だとしたら四百年もの昔になるのだが……（平上信行氏提供・石黒コレクション）

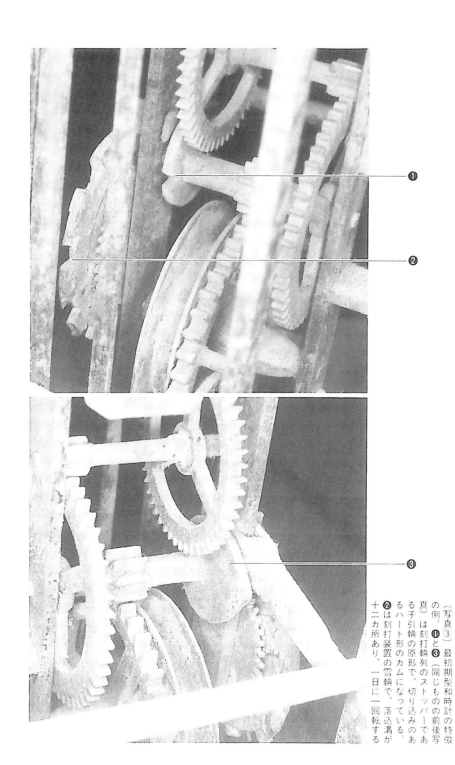

〔写真③〕最初期型和時計の特徴の例。❶と❸（同じものの前後写真）は刻打輪列のストッパーである子引輪の原形で、切り込みのあるハート形のカムになっている。❷は刻打装置の雪輪で、落込溝が十二カ所あり、一日に一回転する

筆で書かれている。

六、刻打《ときうち》装置の雪輪は一日一昼夜に一回転しかせず、落込溝は十二カ所ある。

七、刻打輪列のストッパーである子引輪《こしさわ》はハート形である。

八、三ツ枝金は鶴首、懸《かか》り鎌、落込金《おちこみがね》（数え金）の三種の働きがあるが、初期型では鶴首のみが独立し、懸り鎌、落込金は一本の枝から二股となり、そのために二ツ枝金となっている。

このような特徴を有する古作の和時計は、おそらく国内に十点とは残っていないと思われます。しかし伝来時計の影響をほのかに残しながら、すでに日本化が完了しています。伝来時計のコピーに始まって、次第に日本の風土慣習に適合させるための改造や考案が加えられ、ついに和時計として日本化を遂げるまでの過渡期の作品もあったはずです。実物資料がないものならばせめて記録だけでも残っていればよいのですが。

「口伝」で伝えられた和時計のハイテク技術

時計と鉄砲の製作は当時としては最高のハイテク工業技術でした。その技術のノウハウは秘密とされ、一子相伝といわれるように親から子へ、師匠から弟子へと伝えられましたが、書物にしたり文書で記録されることは避けられました。すべては「口《く》伝《でん》」といわれるように、見て覚え、聞いて学ぶことで職業上の秘伝を守ろうとしたのです。もともと、時計職人や鉄砲鍛冶は文筆の教養もなく、したがって文才もない人人が多かったのです。そのため時計や鉄砲の製作に関する技術書は、ほとんど皆無に近い少なさです。

鉄砲においてはメーカーである鉄砲鍛冶に対してユーザーである砲術家の存在が、

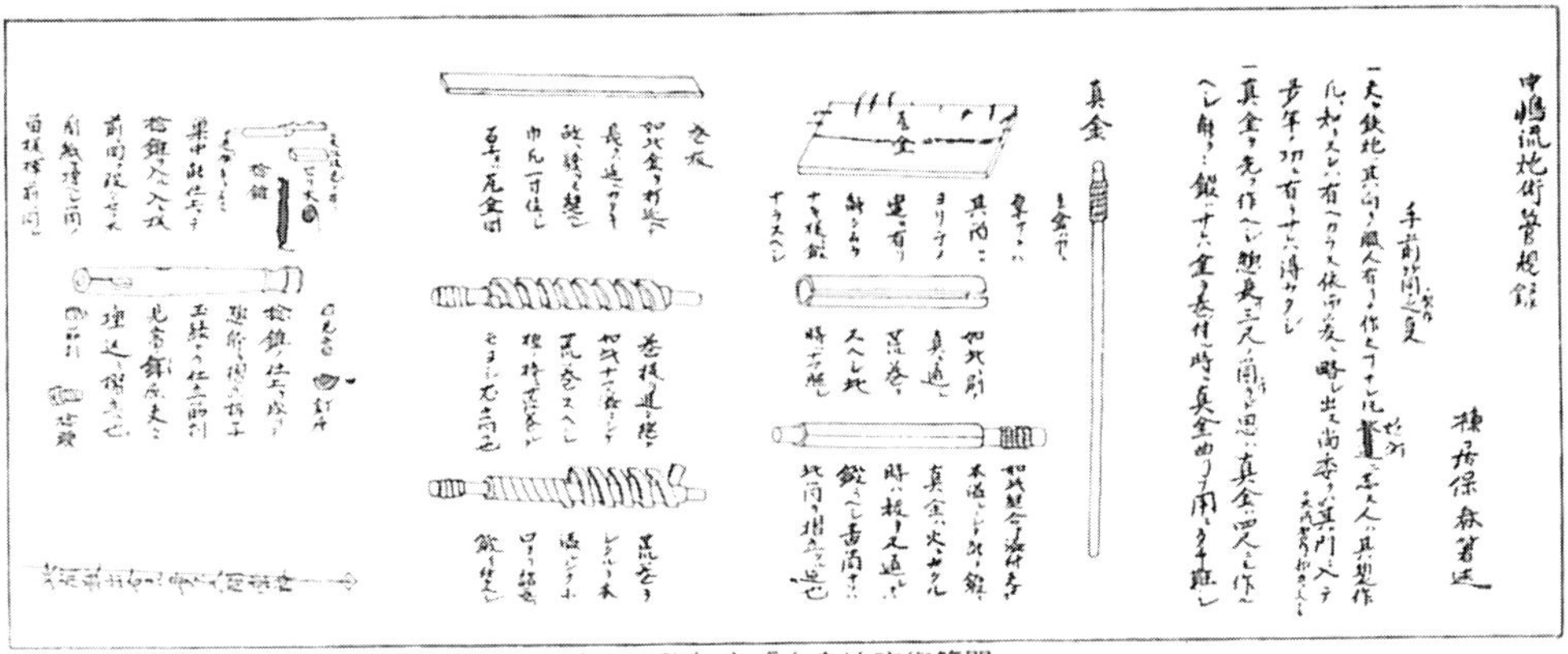

〔図②〕武士階級の砲術家による砲術の秘伝書「中島流砲術管闚録」。その中の「手前筒製作之事」の一部に、鉄砲製作の工程や要点が豊富な絵図を使って示されている

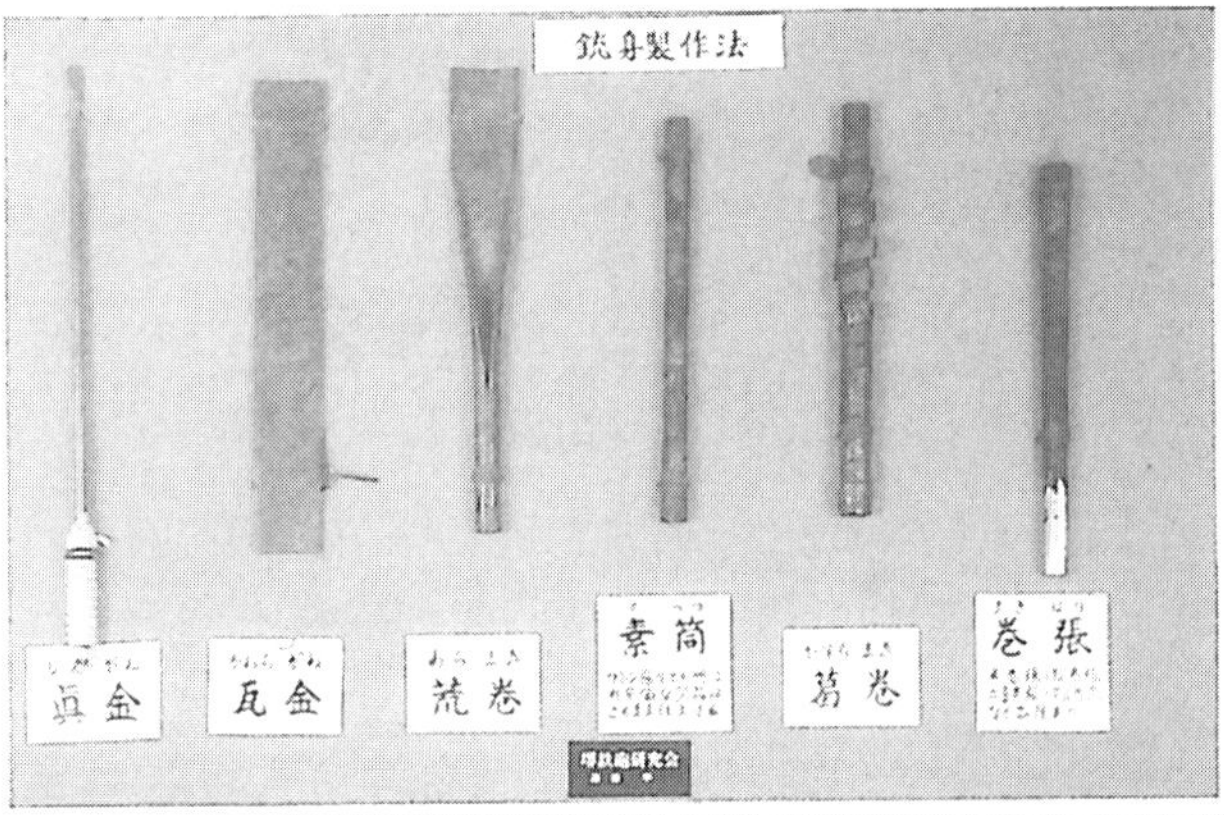

〔写真④〕上の秘伝書に従って再現実験された、鉄砲のパイプ類（左）とネジ類（下）。ネジやパイプは時計にも必要な部品であり、その優れた既存の技術が時計製作の速やかな発展の土壌となった

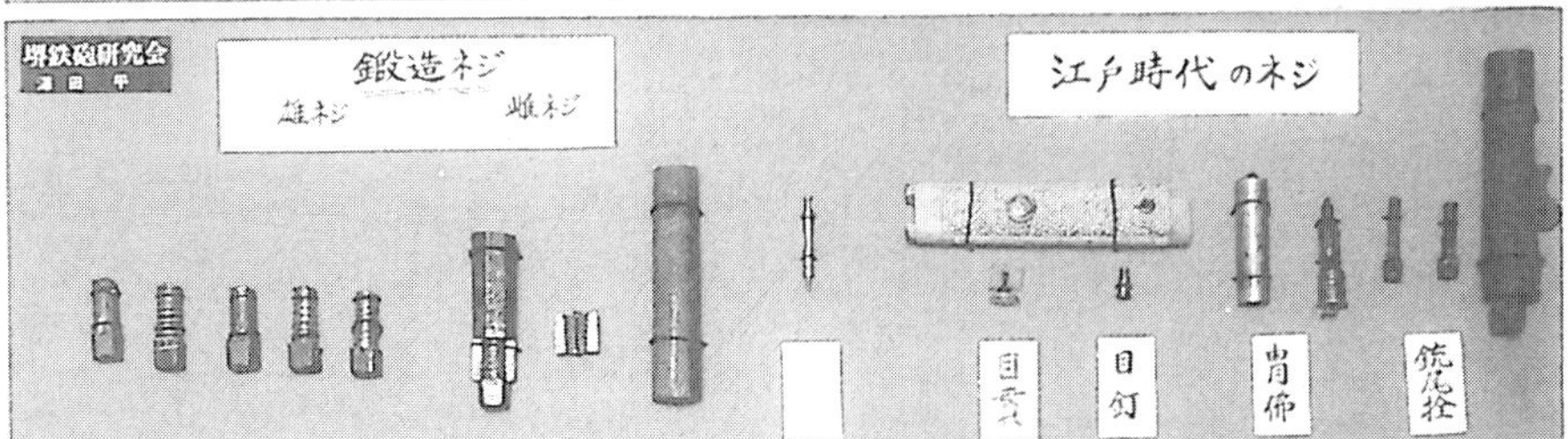

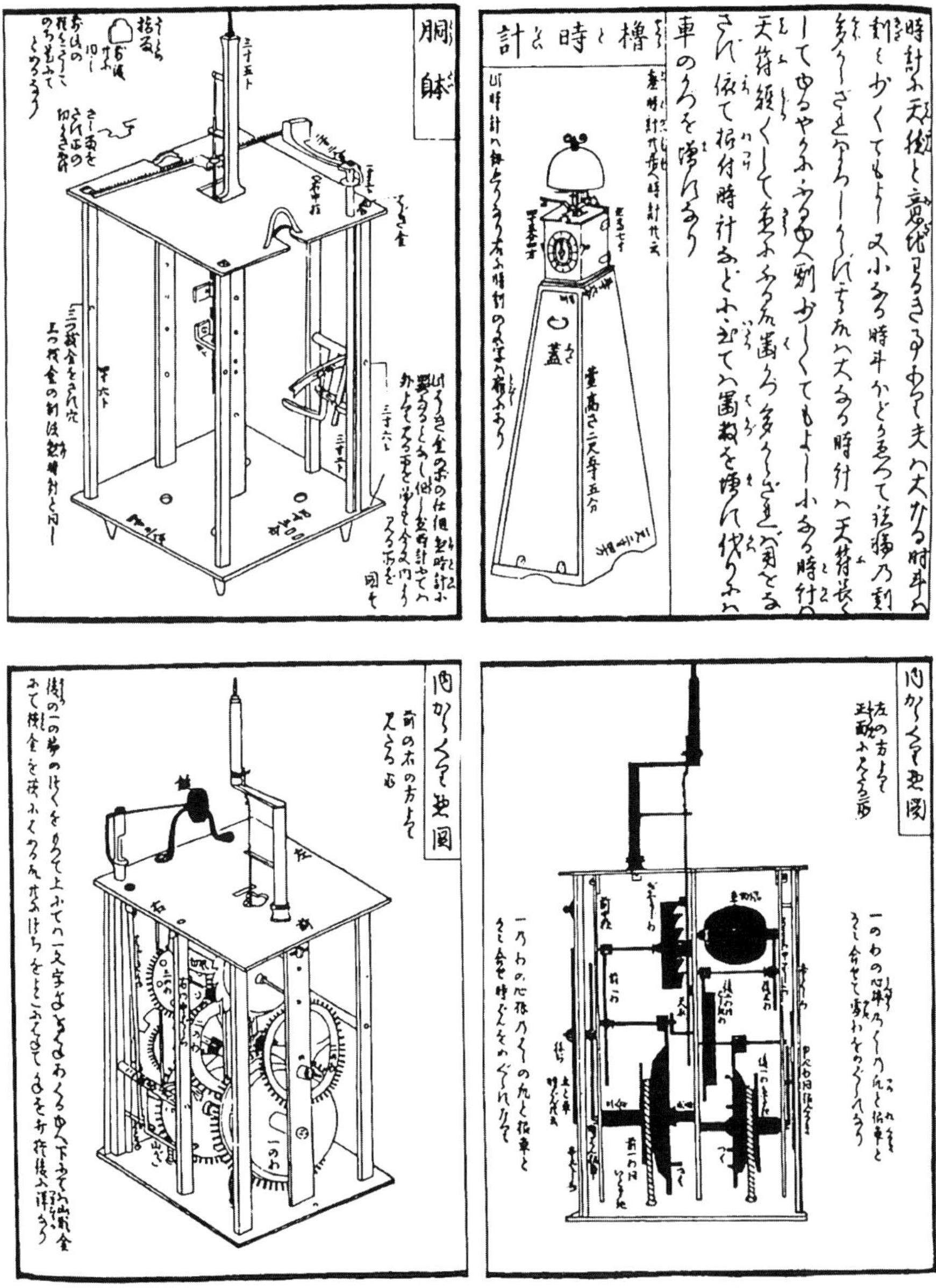

〔図③〕細川半蔵頼直が寛政八年に書き記した「機巧図彙」。櫓時計の全体や胴体の寸法、カラクリ部分の配置や名称、機構の要点などが細かく記されている。他に掛時計について同様に書き表した頁もある

この問題を若干解決しました。武士階級にあり教養もある砲術家が砲術の秘伝書の中で、鉄砲製作の工程や要点を豊富な絵図を駆使して示したのです。

三五頁に紹介する「手前筒製作之事」の図説はその一部ですが、この書は『中島流砲術管闚録』と題する秘伝書中にあり、天保から嘉永（一八三〇〜五三）頃に書かれたものです〔図②、写真④〕。こんなに幕末になっての技術書はあまり資料性のないものですが、文化文政頃になると鉄砲鍛冶にも教養高い知識人が現れ、江州國友《くにとも》の藤《とう》兵衛《べえ》一貫斉《いっかんさい》という人物が『大小御鉄砲張立製作』を著述しています。

和時計の場合も事情は共通しています。時計職人による技術書は皆無です。実物資料も文献資料もない伝来後百数十年の日本時計史のブラックホール。

寛政八年（一七九六）の細川半蔵頼直《ほそかわはんぞうよりなお》による『機巧図彙《からくりずい》』は、これもまた時計製作

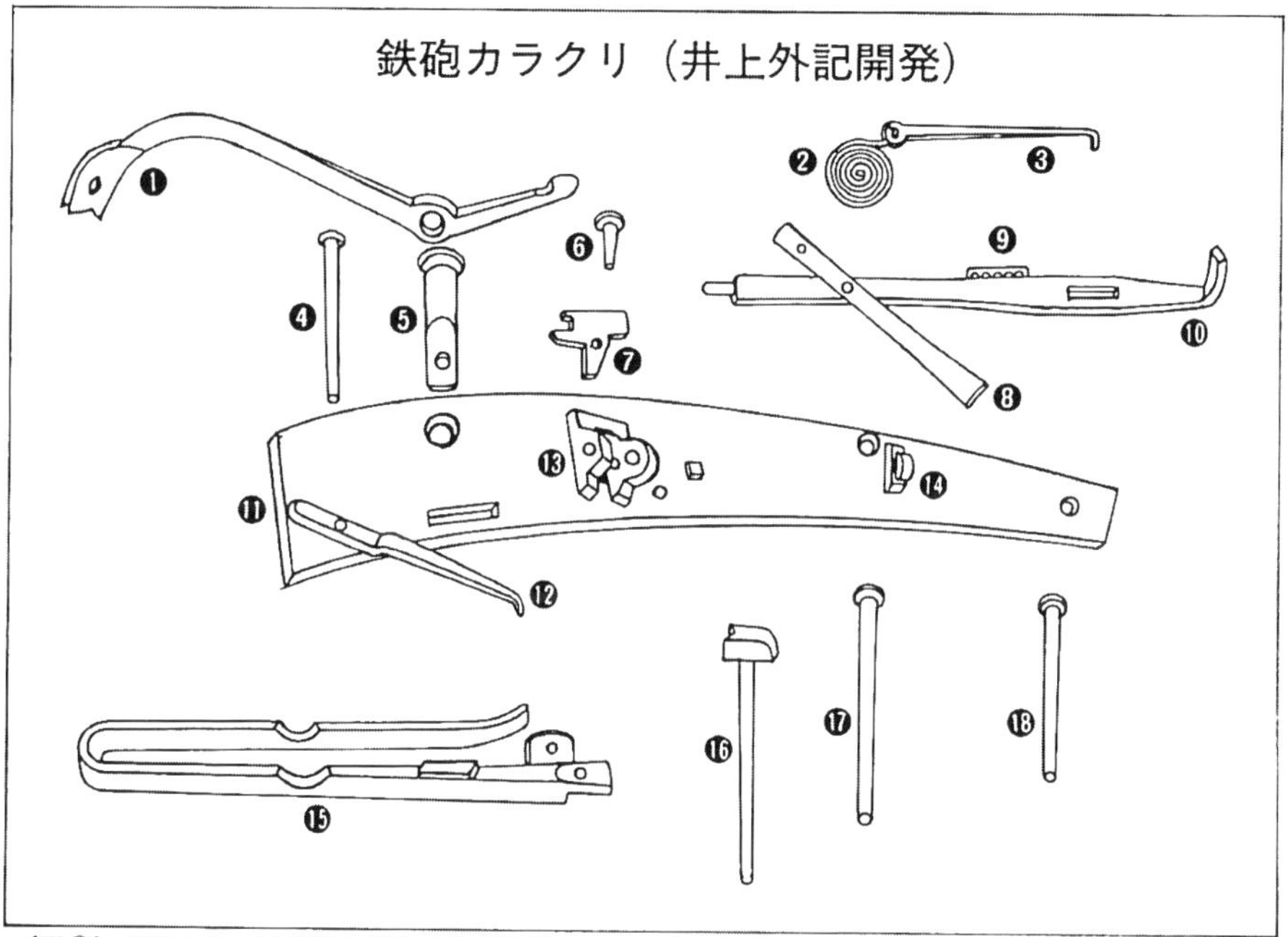

〔図④〕鉄砲カラクリ各部の名称。❶火挟❷ぜんまい❸引絅❹矢倉鋲❺横鋲❻車鋲❼蛭くわえ❽押金❾引絅運び❿盗人金⓫地板⓬押金⓭鞍⓮首⓯弾金⓰矢筈鋲⓱地板鋲（前）⓲地板鋲（後）。共通の働きをする部品は、その名称をそのまま和時計の部品名に転用した

者ではない人物によって図示解説された唯一の時計製作技術書です〔図③〕。半蔵は文中で「この寸法で作れば、きわめて具合のよい時計ができる」と述べています。

　しかし、寛政八年といえば便利な二挺天符時計が開発されて一世紀以上の年月を経ており、目覚まし機構もないこの一挺天符の構造図だけが、部品の名称の知れる唯一の文献というのでは淋しすぎます。そのために部品数の多い二挺天符時計は、いくつかの名無しの部品を内蔵することになりました。

部品名は鉄砲から

　昭和・平成の御時計師として二挺天符時計の復元に成功したとき、私は名無し部品に命名せざるを得ませんでした。命名はその部品の働きや動作・形状からのものが多いのですが、鉄砲カラクリの中ですでに使用されている共通の働きをする部品を転用しました。「盗人金《ぬすとがね》」「舌」「蛭《ひる》くわえ」「地《ち》板《いた》」などはその例です〔図④〕。

　時計はまさに鉄砲から生れて来たのです。しかし、すべてにおいて共通性を有し相似たるこの二つの機械製品も、その生産技術の伝播と普及においては全く相反する社会的側面を有していました。すなわち、それは戦争と平和という、人類のもつ宿業的な命題でもあったのです。

III　泰平の世が支えた時計の伝播

伝来するとたちまちにして国産化され、戦争と平和の世に普及した鉄砲と時計。それは自力で模倣されただけでなく、日本の風土習慣に合うよう独自の改良や考案が加えられた。そしてこの「日本化」の副産物は、現代他国をリードする高度なロボット技術の原点とされているのである。

時計の入り込む余地のなかった戦国時代

アジアの中で、鉄砲と時計を自国の能力のみで速やかに国産化した唯一の国は日本です。

日本に鉄砲と時計が伝来するや、日本人はたちまちにしてこれを倣製し、かつ日本化に努めたことを第一章で述べました。しかし鉄砲と時計ではその対応に大きく異なる点があります。

ヨーロッパ人が初めてわが国に渡来した天文年間（一五三二～五四）は応仁の乱（一四六七）に始まる中世戦国時代のまっただ中にあり、全国各地に群雄が割拠して互いに鎬《しのぎ》を削る戦いに明け暮れていた時代です。すでに南北朝時代から始まっていた下剋上の風潮から、戦争の倫理はただ勝てばよいという、なりふりかまわぬものになっていました。従来の弓矢刀槍を用いる原始的な戦法に倦《う》み始めていたのです。

時代は大量殺戮《さつりく》を可能にする、新しい威力ある武器の出現を待ち望んでいたのです。

そこへ鉄砲が渡来して来ました。かくて戦

国の武将たちは争ってこれを入手して覇権を握ろうとしたのです。

当然輸入もおこなわれたのですが国産化が先行しました。鉄砲は明らかに複雑な構造を有する機械でした。銃身は丈夫な鉄製の細長いパイプであり、その一端はネジでしっかりと閉鎖されています。細長い鉄筒と螺子《ねじ》――このいずれも、それまでは国内に存在しない構造体であったのです。また撃発機構としての機関部のメカニズムも旧来の武器には見られぬものでした。鉄砲を初めて見た人々のカルチャーショックは想像に余りあるものですが、一年を経ずして技術的障壁を解決して量産化に入った工人たちの努力も素晴らしいものです。

しかし誰がこの技術的先駆者たり得たのでしょうか。鉄砲鍛冶家の由緒書には、しばしば刀匠の名が見られます。種子島の刀工で初めて鉄砲を作った八板金兵衛《やいたきんべえ》の作刀は一振りとても残されていません。大生産地となった堺や國友《くにとも》の初期の鉄砲鍛冶も元刀工とされていますが、刀の作品は一点もありません。

室町時代のわが国の金属加工技術は日本刀に象徴されますように高度なものであったのですが、たとえ鋤《すき》や鍬《くわ》などを鍛える野《の》鍛冶《かじ》にあっても、その技術は普遍的に優れたものであったと見るべきです。兵農分離政策がおこなわれる以前の戦国期にあっては、多くの鍛冶たちも時には刀を鍛え、時には農具を打たねばならぬ工人であったでしょう。鉄砲は必ずしも刀鍛冶でなければ作れないものではなかったのです。

新鋭武器として鉄砲は渇望されました。一国の興亡を賭けるとき、勝利を得るための軍備はすべての政策に優先されます。いかなる経済的あるいは人的犠牲を支払ってもです。

一方、戦いに明け暮れ、戦場を駆けめぐりあるいは城塞《じょうさい》にたてこもり敵と対峙して、

甲越勇將傳
上杉家 廿四将
齋藤下野守朝信
三炮術之内
一勇齋國芳画
柳下亭種員誌

明日の命運をも計り知れぬ将兵たちにとって時間とは、時の流れとはいったい何であったでしょう〔写真①〕。たとえ戦略上、時刻を合わせて軍団が行動を開始するようなことがあっても、使用に耐えるような時計などなかったのです。狼火《のろし》や、それこそ一発の銃声の合図でこと足りるのです。戦国の世の生活に長閑《のどか》な鐘の音を響かせる時計の入り込む余地などなかったのです。

　鉄砲は伝来して直ちに生産が開始されました。種子島の島主、時尭《ときたか》はこれの公開をためらいませんでした。こうして鉄砲は種子島時尭から島津公義久《よしひさ》へ、義久公は足利将軍義晴《よしはる》へ、将軍家を介して全国の諸家への伝播がおこなわれます。また直接、紀州や堺から鉄砲を求め来る伝播の系路がありました。

　しかしその鉄砲が強力な兵器として不動の地位を得たのは、戦史上では天正三年（一五七五）の長篠《ながしの》合戦とされます。それは鉄砲伝来から三十二年の歳月を要した後でした。これをもって鉄砲の全国伝播や普及の速度はそれほど速いものではなかったとする論者がいます。とんでもないことです。いくら狭い島国であったとはいえ、電信や列車もない戦国期の時代に物流や技術の情報がそれほど速やかに広がるものではありません。長篠役以前にも各地で激しい銃撃戦はおこなわれていました。戦国期のこの時代では、鉄砲は速やかな伝播がおこなわれ完成されたと見るべきです。

平和が認めた時計の存在価値と実用性

　一方、時計は一部の権力者にとって珍奇な愛玩物となり得たとしても、戦国の時代を必死に生きる人々にとってはほとんど無用のものでした。和時計の出現を戦国期の終末である慶長・元和の大坂役（一六一

〔写真①〕一国の興亡を賭け、生死をも知れぬ激戦の日々に、のどかな鐘鳴を響かせる時計の入り込む余裕はなかった

四・一五）後まで待たねばならぬ、それが大きな理由です。すなわち時計は平和で穏やかな社会でこそ存在価値があり、生活の実用品ともなっていったのです。鉄砲が戦争をイメージするならば、時計は平和のシンボルだったのです。映画『第三の男』の中でオーソン・ウェルズが演ずる人殺しの闇屋ハリーは、

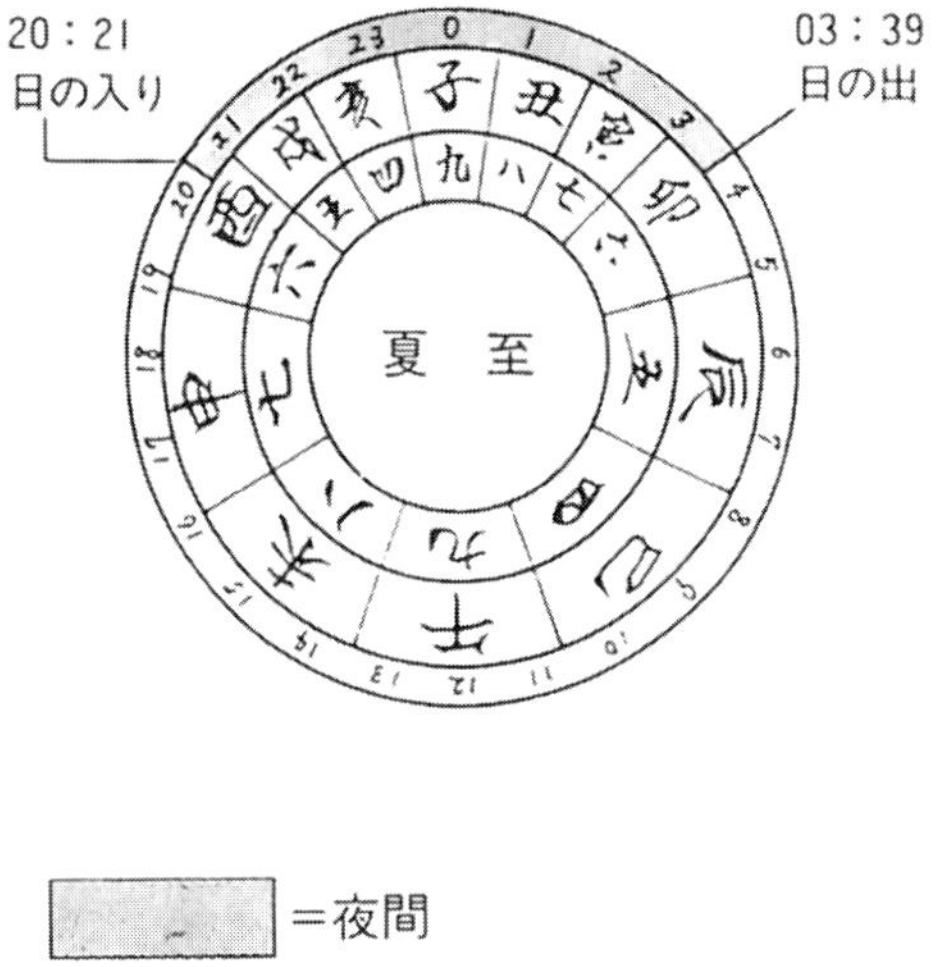

「中世イタリアは戦争と流血の中からダ・ビンチとルネッサンスを生み出した。スイスはどうだ。五百年の平和と民主主義で何ができたか――ハト時計だけさ」

とうそぶきます。

鉄砲の威力によって得た徳川政権の確立は江戸時代三百年の天下泰平をもたらしました。平和な社会では産業が復活し経済が発展します。人々の生活は落ち着き、規律とリズムが重んじられてゆくのです。時刻への観念が大切にされ、時刻を知りたいという欲求の中で時計の必要性が痛感され始めたのです。

江戸時代、わが国は世界の趨勢《すうせい》に反して不定時法を墨守《ぼくしゅ》しつづけました。第一章に、不定時法という本来は機械化にはなじまない時刻制度を、日本人は機械化することに成功したと述べました。しかしそれは決して完全自動化されたものではなく、多分に人手の補助を必要とするものでした。

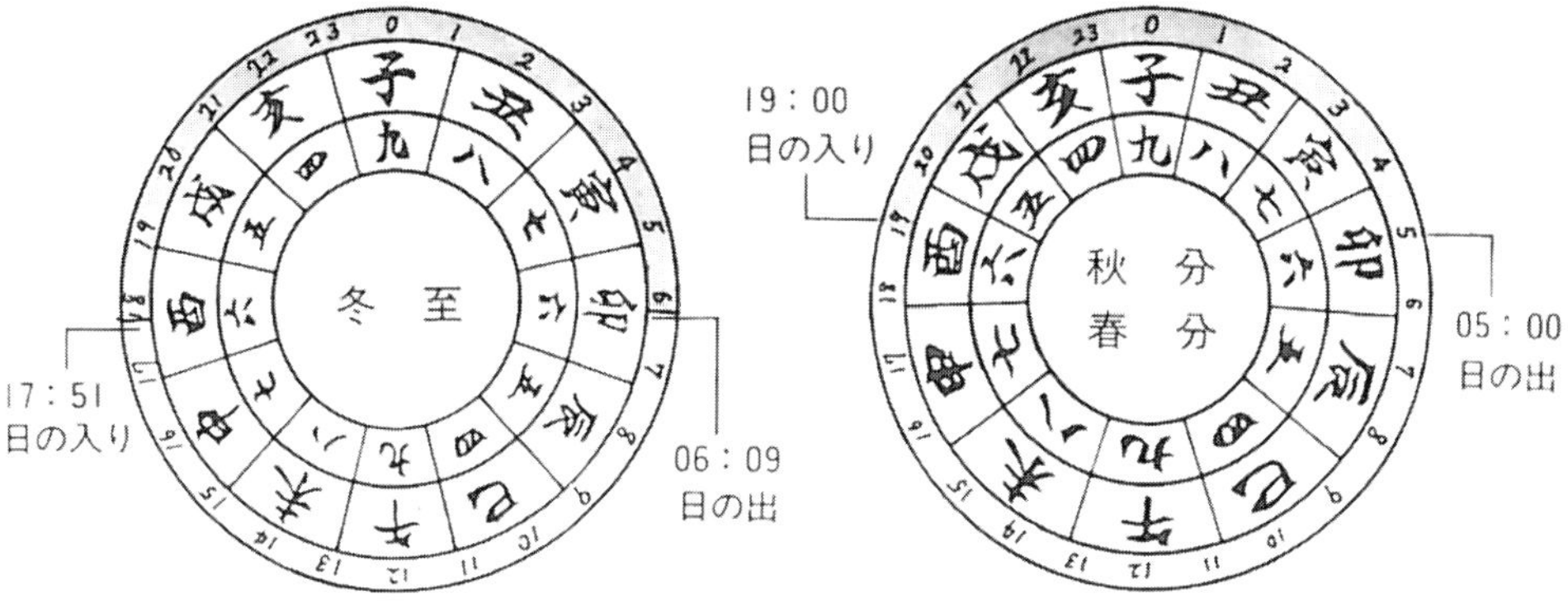

〔図①〕一年の季節変化に対応しながら表示する昼夜の変化。日の出と明け六ツ、日の入りと暮れ六ツは少しずれる

不定時法が生んだ天符の神秘的な動き

和時計の操作と調整はある程度の学習と知識を必要とするため、和時計を操作できることは一つの立派な教養でもありました。現在ならさしずめ一流のコンピュータープログラマーとでもいうところでしょう。

一挺天符《いっちょうてんぷ》の初期の和時計では、朝夕二度の調整が必要です。それは「明け六ツ」と「暮れ六ツ」の時刻が日々変化するためですが、だからといって一日単位の変化はとらえようがありませんし、それほど微細な調整ができるほど和時計は精密にはできていません。一日二度の調整は不定時法の特徴であり、夏は昼間が長く夜間が短い、冬はその逆になるために極端に異なる夜昼の一刻の差を天符の遅速によって調整するためのものです。すなわち和時計は一年の季節的変化に反応しながら、夜昼の変化も表

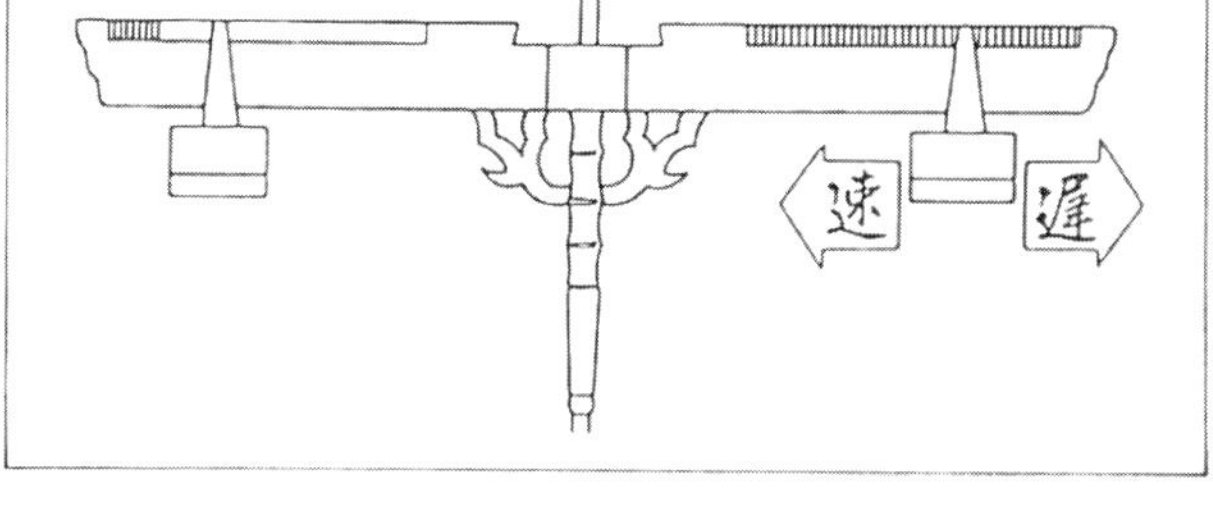

〔図②〕小重錘の移動によって天符の動きを調節し、針の速度を変えることができる。外側へ移動すると遅く、内側へ移動すると早くなる

示する時計なのです〔図①〕。
和時計の文字盤は一日を十二刻として十二等分されています。示針は一本のみで一日一回転します。この示針が長い一刻と短い一刻を表示するためには、針の進む速度を変えねばなりません。それは天符につけられている小重錘《こおもり》の移動によって変えることができます。小重錘を天符の外側へ移動させますと天符の動きは遅くなり、内側へ移動しますと速くなります。すなわち不定時法では昼間用の時計と夜間用の時計があるわけです。一台の時計に両者を求めるからこそ、朝夕二度の天符調整が必要となるのです〔図②〕。

それでは一台の時計に二台の時計を組み込めばよいのではないか？　そうなのです。昼間用時計と夜間用時計を合体した和時計が出現しました。二挺天符時計がそれです。

二挺天符時計は鐘の下に平行に二本の天符が見られます。正面から見ますと上の天符が昼間用、下の天符が夜間用です〔写真②〕。側面から見ると前方が昼間用、後方が夜間用で夜間用は昼間用より小さく作られています。

これは四季を通じて昼間の方が長いからでしょう。この二本の天符は明け六ツ、暮

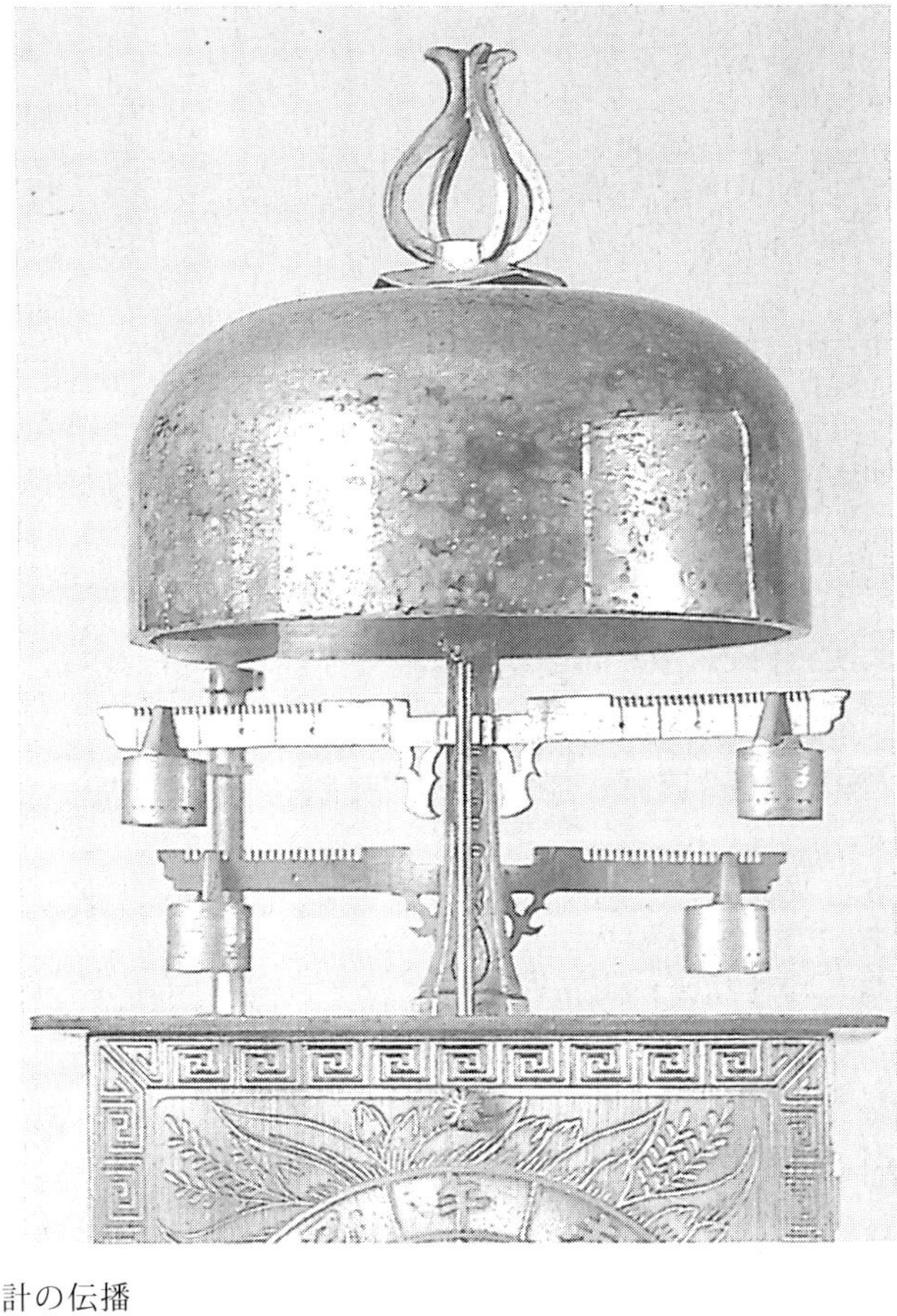

〔写真②〕元禄期の二挺天符式櫓時計の復元品。調整用の細かい刻みが入った天符は、上が昼間用、下が夜間用である

〔写真③〕側板を取り除くと、多くの歯車がからみ合うカラクリが見える。二挺天符が自動的に切り替わる神秘的な動きはここから生れる

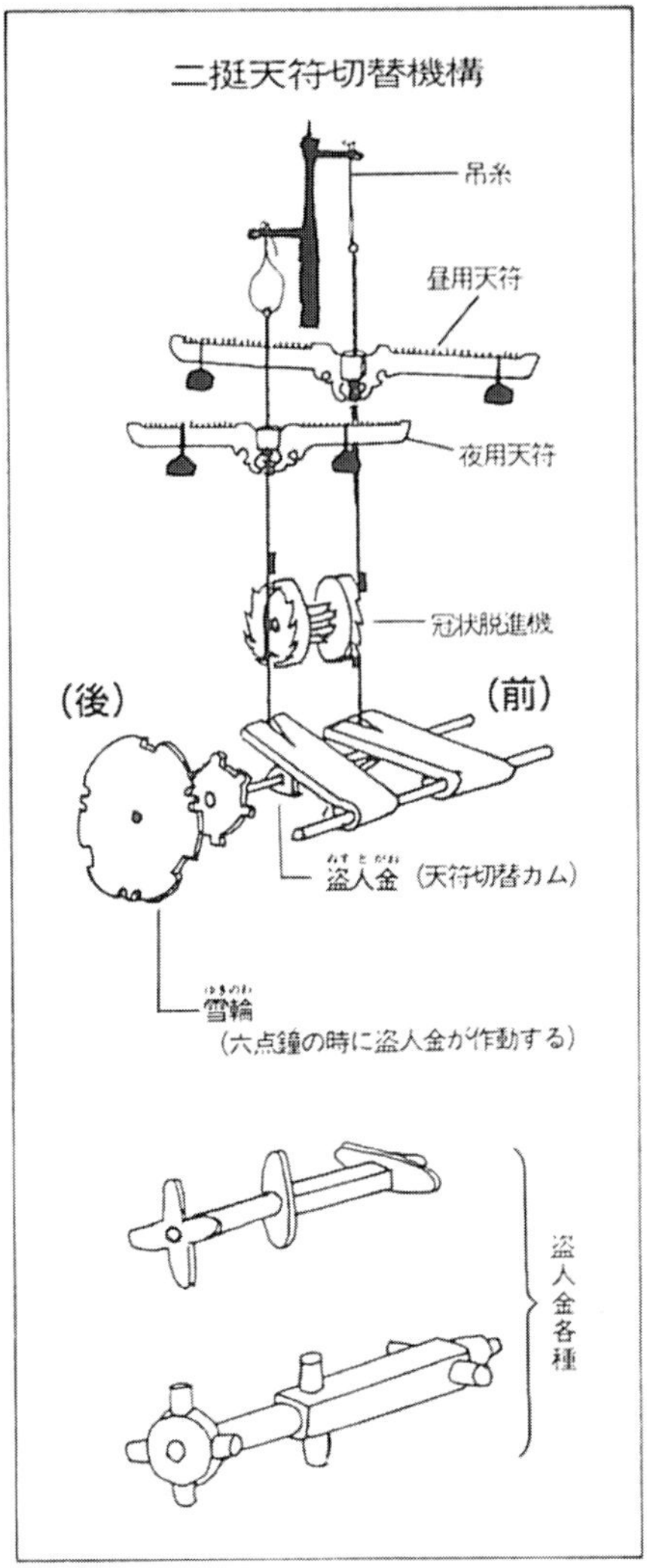

〔図③〕二挺天符の時計には天符と脱進機からなる調速機構が昼用と夜用の二台分あり、「盗人金」が自動的に昼夜の切り替えをおこなう。これで人手による調整の必要は一カ月に二度のみとなった

れ六ツの鐘が鳴り始めますと自動的に切り替わります。明け六ツには上方の大きい天符が動き始め、下方の小さな天符は停止します。暮れ六ツには下方の天符が動き始め、上方の天符はピタリと静止します。この動きの何と神秘的なことでしょう。韻々と鳴り響く六点鐘の間にこの儀式は完了します。時間ごとに扉が開き、人形が出て来て乱舞する西洋のカラクリ時計とは全く違った荘厳さを感じるのです〔写真③〕。

自動切替装置に見るロボットのルーツ

テレビドラマの時代劇の中で、時折和時計が現れます。上段の間に鎮座されますお殿様の背後で立派な二挺天符櫓《やぐら》時計が動いているのです。でもよく見ますとキラキラ光る二本の天符が上も下も同時にしっかりと動いています。屋内のこととて昼なのか夜なのかは分かりませんが、二挺天符和時計の天符が上下とも同時に動きつづけることはありません。このことは後日、芝居小道具などをテレビ局に貸し出す高津商会の高津利治社長が苦笑しながら話されました。

「二挺天符和時計のことは私もよく存じております。しかし実際に上下いずれかの天符だけが動いている画面を見た多くの視聴者から、あの時計は壊れているといった投書や電話があって対応が大変なのです。仕方なく両方の天符を動かしています。もちろんテレビに出て来る和時計は電池仕掛けの芝居用小道具ですが……」

　無知とは恐ろしいもので時計どころか文化さえ壊してしまう。可哀想に小道具の二

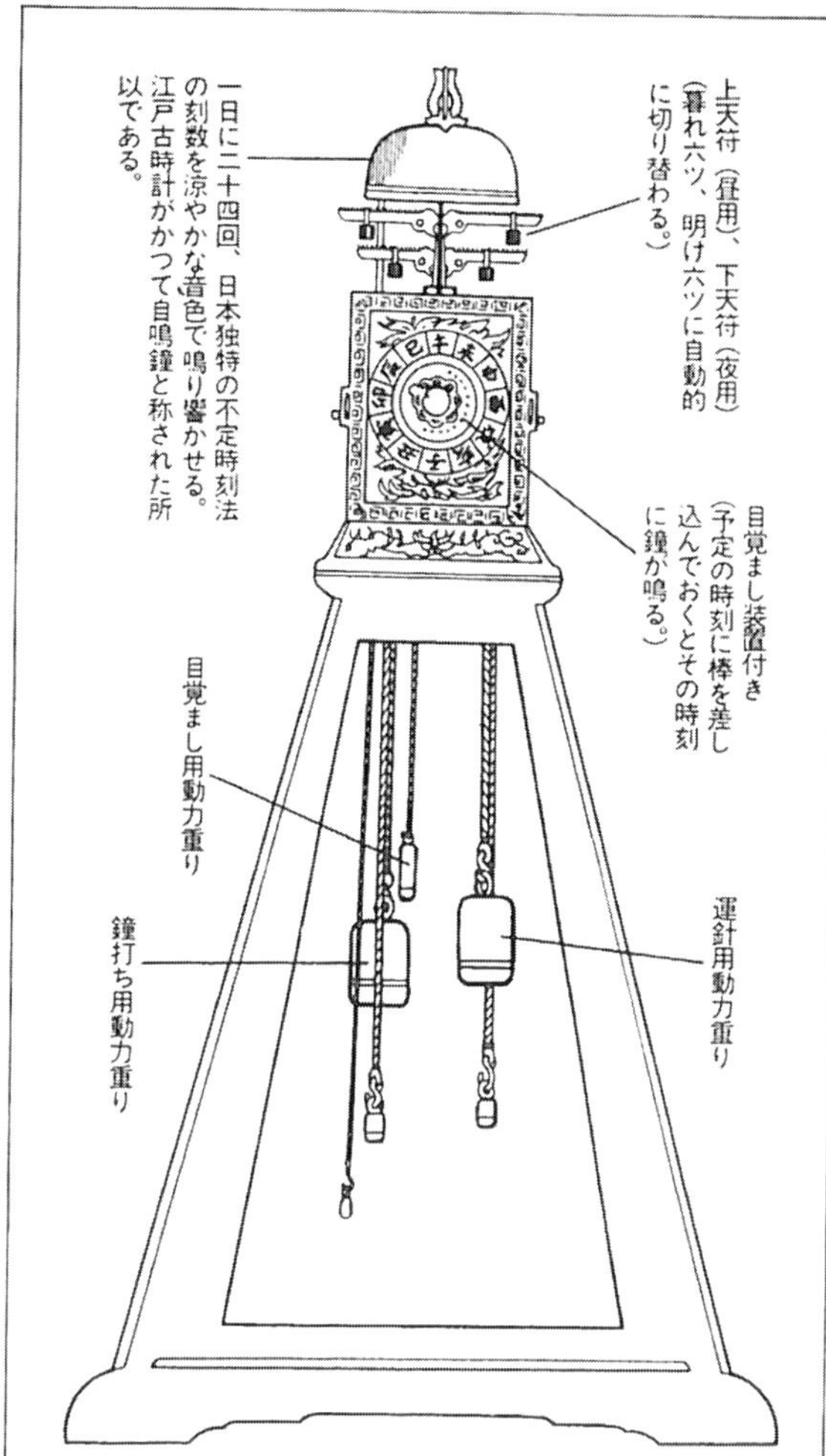
上天符（昼用）、下天符（夜用）
（暮れ六ツ、明け六ツに自動的に切り替わる。）
目覚まし装置付き
（予定の時刻に棒を差し込んでおくとその時刻に鐘が鳴る。）
一日に二十四回、日本独特の不定時刻法の刻数を涼やかな音色で鳴り響かせる。江戸古時計がかつて自鳴鐘と称された所以である。
目覚まし用動力重り
運針用動力重り
鐘打ち用動力重り
二挺天符袴腰型櫓時計

〔図④〕和時計が頂点を極めた代表的な姿が、この二挺天符の袴腰型櫓時計である。十干十二支のデジタルカレンダーが取りつけられたものもある

挺天符和時計はまさに「夜昼なく」働かされているのです。

二挺天符和時計は二台の時計の役目を果たすのですが、機構部品が二台分使用されているわけではありません。天符と脱進機からなる調速機構のみが二台分あるのであって、これを切替カムによって昼夜の切り替えをおこなうのです。このカムには部品名がありません。人目を忍んで、そっと雨戸《あまど》をもち上げて侵入する夜盗にも似た働きから「盗人金《ぬすとがね》」と命名しました。現在では学者や研究者の間でもこの名称が定着しています。この盗人金の自動切替装置こそロボットの原点といわれています。産業ロボット世界一の日本の省力省人ロボットのルーツはここにあったのです〔図③〕。なぜならば一日二回の調整が必要であった一挺天符時計に比べて、二挺天符時計は一カ月にたった二度だけ操作すればよいのですから。

この驚くべきアイデアの発明が、いつ頃誰によってなされたものかは不明です。元禄時代（一六八八～一七〇三）に活躍した京都の御《おん》時計師、平山武蔵之椽《ひらやまむさしのじょう》の作品の中に完成された二挺天符時計が現存することから、このアイデアの開発は寛文（一六六一～七二）頃にすでに着手されていたと推定されます。

この二挺天符和時計には、任意の時刻にチリンチリンと鳴る目覚まし機構や、十干《かん》十二支のデジタルカレンダーまで取りつけられるようになりました。こうして完成された二挺天符和時計は、「袴腰型櫓時計」として日本時計の頂点を極めた代表的な英姿を見せるのです〔図④〕。

Ⅳ　和洋の混淆がもたらす美と技

和時計の中でも完成された様式美を誇る二挺天符式袴腰型櫓時計。西洋の香りだけでなく、その技術までもが採り込まれている装飾や部品。和時計に見られる東洋と西洋の接触は、日本の近代化の幕開けと確実に結びついている。

袴腰型櫓時計が見せる完成された典型美

元禄時代（一六八八～一七〇三）に忽然《こつぜん》と出現したこの「二挺天符《にちょうてんぷ》式袴腰型櫓《やぐら》時計」は、それまでの二つとして同一の形のもののない和時計作品の中にあって、厳然たる掟《おきて》を有しておりました。

それまでの和時計は一つ一つ手作りのためか、設計もデザインもばらばらで、形も構造も同一のものはありません。にもかかわらずこの袴腰型には、まるで袴腰型和時計憲法が存在するかのごとくに典型化されています。

まず鐘の大きさは浅からず深からず、実にバランスが良いのです。この鐘の留金《とめがね》はこれまでの「梔子《くちなし》型」に代わって「蕨手《わらびて》型」が使われています〔写真①〕。鐘を支える鈴柱《すずばしら》は太くて力強く、鐘と天板の間に平行に横たわる二本の天符は幅が広く、天芯に接する部分は猪目《いのめ》を透かし彫りして、爪は大きく伸びて天芯を挟んでいます〔写真②〕。時盤（えと車）はなまこ形に盛り上がり、ドーナツに似て量感に溢れていま

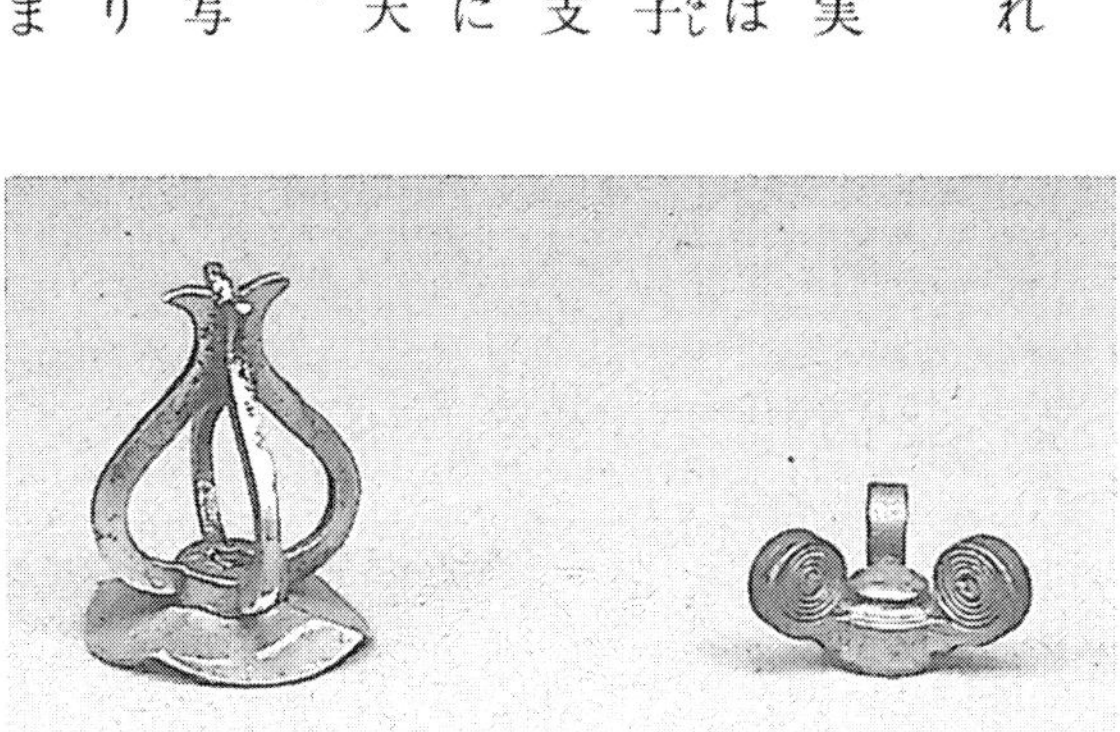

〔写真①〕鐘の留金。左が梔子型、右が蕨手型

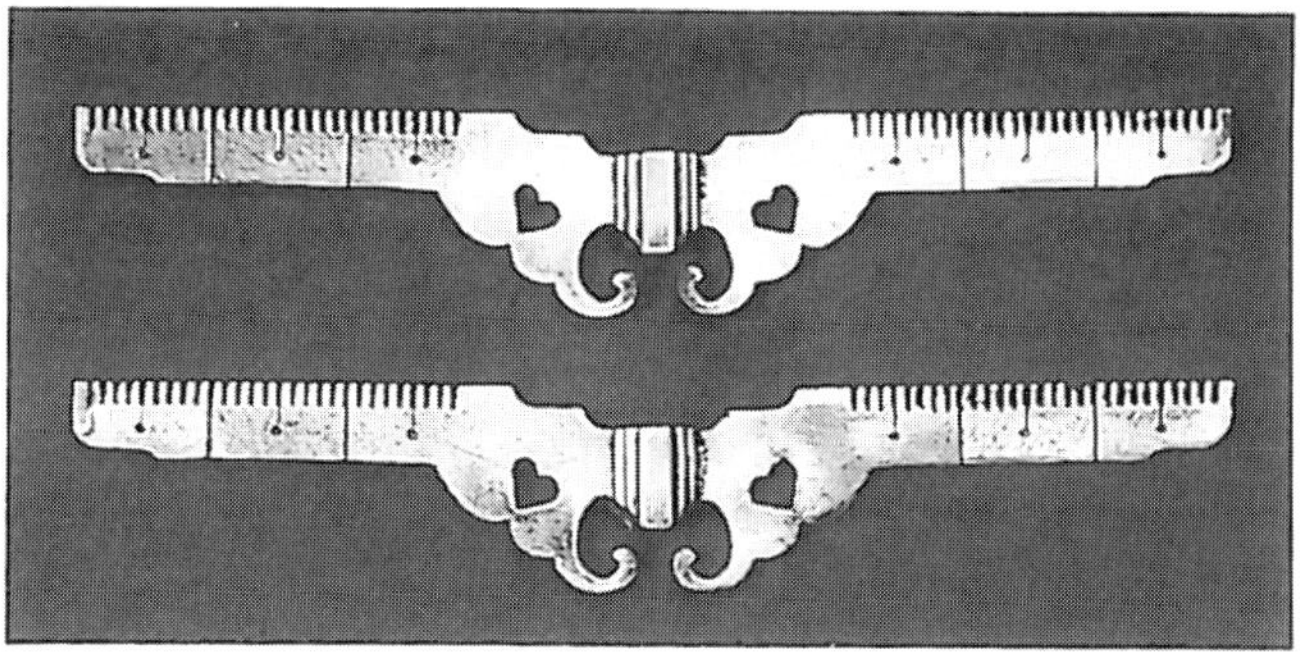

〔写真②〕重厚華美な袴腰型天符

〔図①〕大輪の花弁を思わせる袴腰型示針

〔写真③〕くさらし（エッチング）による袴腰型側板の図柄

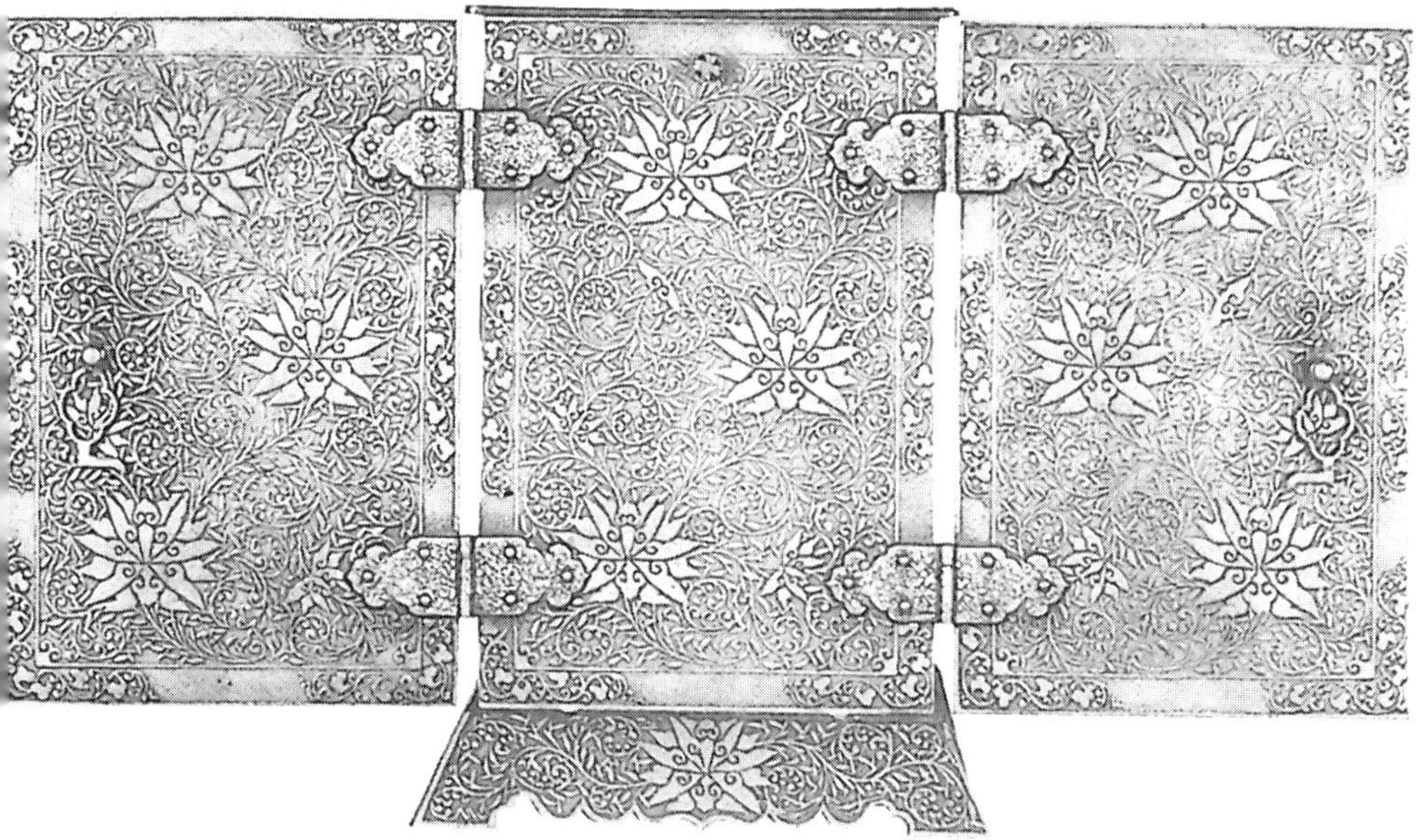

す。示針は八弁の開花に剣《つるぎ》をつけたものを多用し、大輪の花菊を想わせるものです〔図①〕。

前板も側板も真鍮《しんちゅう》材が用いられ、精巧華麗な図柄が彫刻されていて、菊、牡丹《ぼたん》、蘭、梅、唐草などの模様が美しく、濃厚に描かれています。鏨《たがね》彫りだけではなく、梅肉腐蝕法によるくらさしと呼ばれるエッチング技法も多用されています〔写真③〕。側板を左右に開けばその裏面にまで模様装飾が施され、扉を開いたままでの鑑賞にも耐え得るものになっています。地板《ちいた》（底板）からスカート状に広がった袴腰と呼ばれる台座が最も特徴的ですが、これによってドッシリと力強い安定感と豪華なイメージが強調されているのです。

この袴腰型櫓時計の考案者はいったい誰なのか、いつ頃どこで完成されたものなのか。記録も伝承も残されてはおらず、ただ少なからずの作品と謎だけが残されているのみです。しかし、袴腰型櫓時計の製作は、各地方の多くの和時計師が自らの技術の尺度とするために挑戦した趣があります。定められたお手本に相違することなく、忠実に各部を模倣して完成させたのです。それは没個性かも知れませんが、逆に典型美の具現でもあったのです。完全な二挺天符式袴腰型櫓時計を完成することで、自ら課した技能検定実技試験にパスした喜びを勝ち得たのでしょうか。

部品や装飾の意匠に香る、和と洋の折衷

和時計の部品の一つ一つや、彫刻や装飾の意匠を熟視しますと、和風と洋風の不思議な混淆《こんこう》、本来は南蛮渡来の珍器であった由来が感じられます。西洋では銃器にも美しい装飾が見られます〔写真④〕。鐘の留《とめ》ネジである蕨手や梔子は植物をデザインし

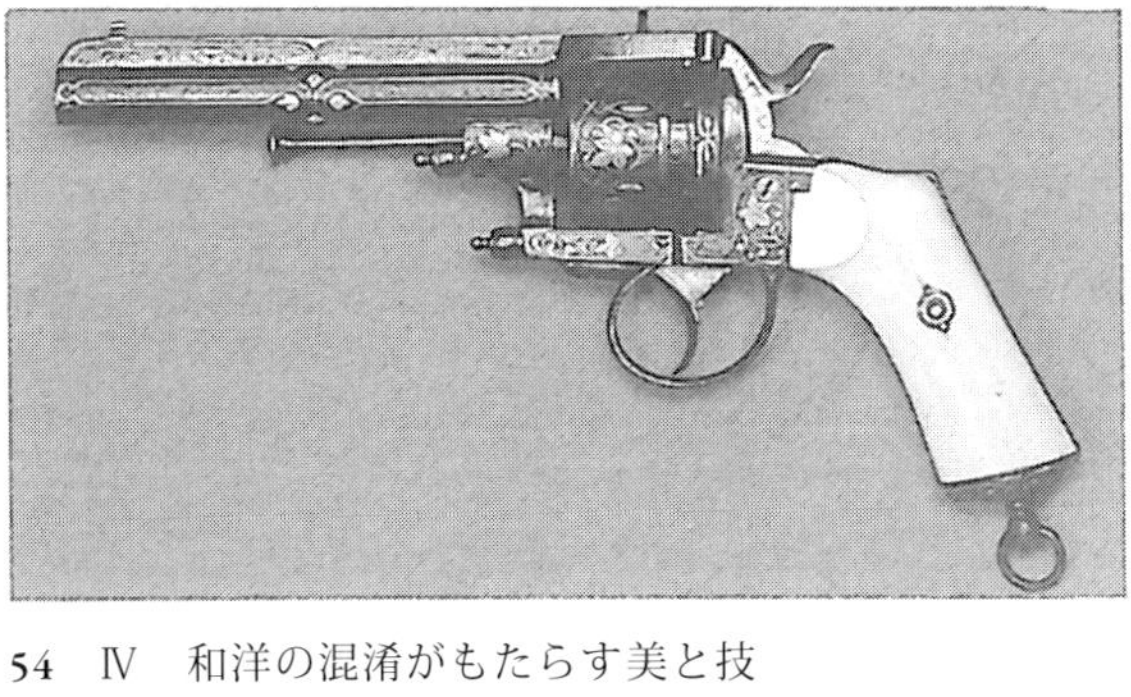

〔写真④〕ル・フォウショウ リボルバー（フランス）。フランスでは有名な時計工にもル・フォウショウの名が見られる

〔図②〕西洋のエキゾチックなデザインにこだわった和時計のさまざまな針

〔図③〕洋式銃の装飾と共通近似する、和時計の側板装飾

たものです。鉄砲の部分の各所にも見られます。機械部を囲む側板の図柄も和風洋風とさまざまですが、ヨーロッパの香りを漂わせる草花を配したものや唐花紋様は、ヨーロッパのピストルなどに彫刻されているものに似ています〔図③〕。

和時計がわが国独自の発展を遂げ、より日本的な作品となっても、なお西欧との接点が見え隠れしているのは、鎖国下にあっても引きつづいて西洋の影響を受けつづけているためです。時刻を示す針の形状も多様です。これも植物がデザインの基本となっていると思われますが正体の知れぬ不思議な形もあり、明らかに和洋が折衷《せっちゅう》されたものが見られます〔図②〕。

雪の結晶に似た部品。光学機器と時計の接点

和時計の一番奥にある部品の一つに「雪《ゆき》輪《わ》」（時鐘用歯車）があります。側板の背中にあたる部分をはずしますと、まっ先に目に映ります。丸い円板なのですが、いくつかの切り込みがあります。しかし歯車ではありません。本当の歯車は少し小さくして「雪輪」の裏面に貼りついているのです。

この雪輪の役目は、三ツ枝金の落込金《おちこみがね》（数え金）がこの切り込みに落ちることで、九ツから四ツまでの数だけ時鐘を打つ動きを制御することにあります〔図④〕。また一刻と一刻の間で半刻を打ちますが、一点鐘だけのものと、九ツ・七ツ・五ツの奇数の後では一点鐘、八ツ・六ツ・四ツの偶数の後では二点鐘としたものもあります〔写真⑤〕。それらはすべて雪輪の切り込みの形状の変化で調節されるのです。

雪輪の名のいわれは、その形が雪の結晶に似ていることから名づけられたものですが、江戸時代には家紋にも雪の結晶がさまざまなデザインで意匠化されています〔図

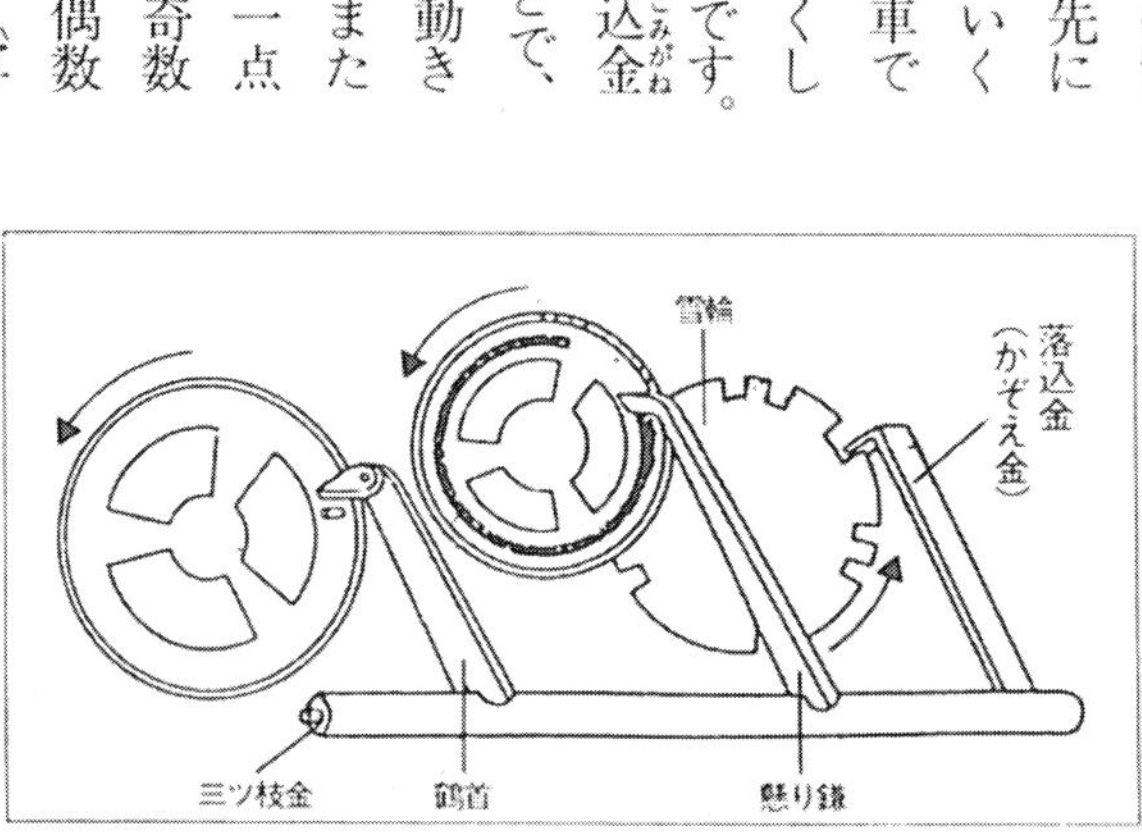

〔図④〕雪輪と三ツ枝金の働き

〔写真⑤〕

半刻一点鐘の雪輪

雪輪。九・七・五ツ刻：半刻一点鐘。
八・六・四ツ刻：半刻二点鐘

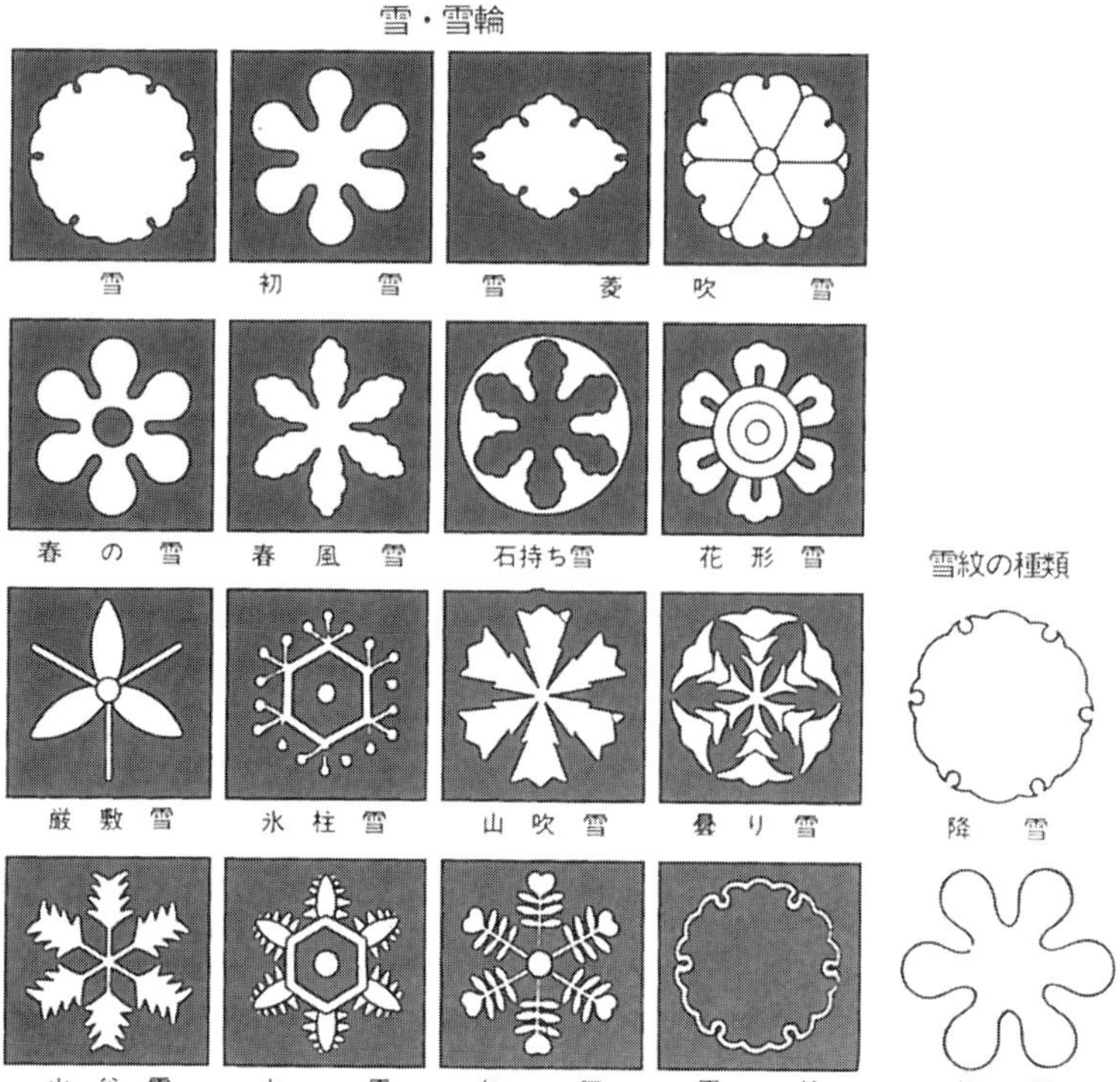

〔図⑤〕いろいろな雪輪紋。雪の結晶を意匠化した江戸時代の家紋

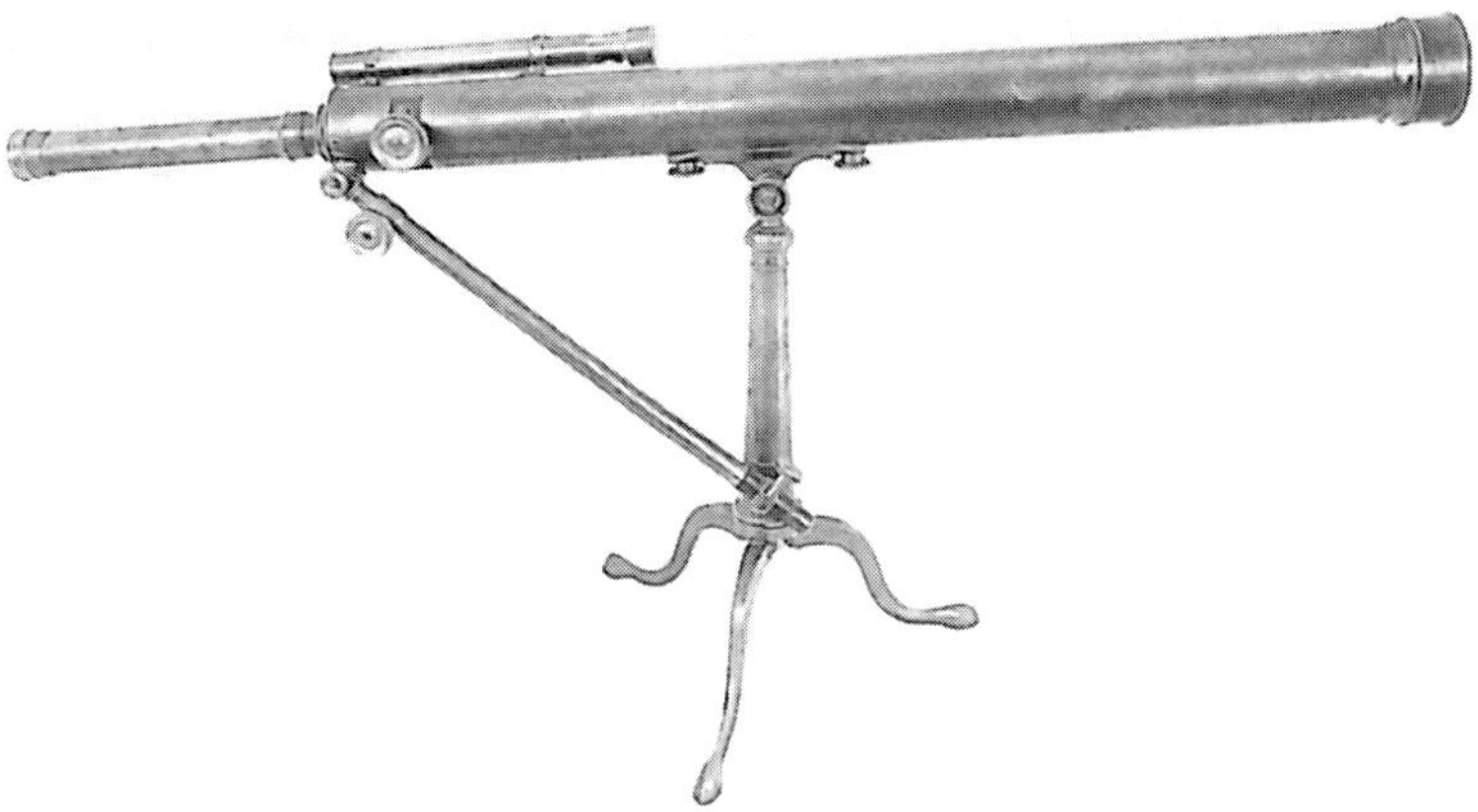

〔写真⑥〕オランダ製天体望遠鏡

⑤〕。

江戸時代の人々はどうして雪の結晶の、美しく不思議な六晶体の形状を知ったのでしょうか。雪の結晶は運が良ければ肉眼でも見えないことはないのですが、これほど多くの結晶体は顕微鏡でもなければ確認できません。古河の第十一代藩主であった土《ど》井《い》利位《としつら》は、天保三年（一八三二）に有名な『雪華図説』を出版しています。もちろん、顕微鏡を駆使しての研究本であり、文化文政期（一八〇四～二九）以前に相当優秀な顕微鏡が国内に存在したことを物語るものです。

　顕微鏡や望遠鏡のような光学機器は、レンズを保持する胴鏡が金属製パイプであり、レンズの枠もネジで嵌《は》め込まれ、微細な焦点調節もネジが利用されています〔写真⑥〕。こうしたネジとパイプの関係から、光学機器の製作にも鉄砲鍛冶技術が関与することになりました。

顕微鏡も望遠鏡も、鉄砲と同じでヨーロッパからの舶載品でした〔写真⑦〕。天保五年、江州國友《くにとも》の鉄砲鍛冶、國友藤兵衛《とうべえ》一《いっ》貫斉《かんさい》が天体望遠鏡を製作することに成功しました。この望遠鏡はグレゴリー式の反射望遠鏡で、藤兵衛一貫斉は文政三年（一八二〇）頃に江戸でイギリス製の反射望遠鏡を見ています。その構造は三枚のレンズ、二枚の反射鏡からなり、レンズは水晶製であり、鏡は銅と錫《すず》の合金鋳造製です。これらのすべては金属製の胴鏡や金具、スタンドによって構成されています。

この頃までにわが国に望遠鏡がなかったわけではありません。しかしそれらはガリレオ式やケプラー式と呼ばれるもので、胴鏡は主として木製や和紙製で、レンズ径が小さいわりに二メートルに前後する長大なものでした〔写真⑧〕。

藤兵衛の製作した反射望遠鏡は金属製で、オランダ製やイギリス製の反射望遠鏡をし

〔写真⑦〕

木製顕微鏡、日本製

オランダ渡り顕微鏡、イギリス製

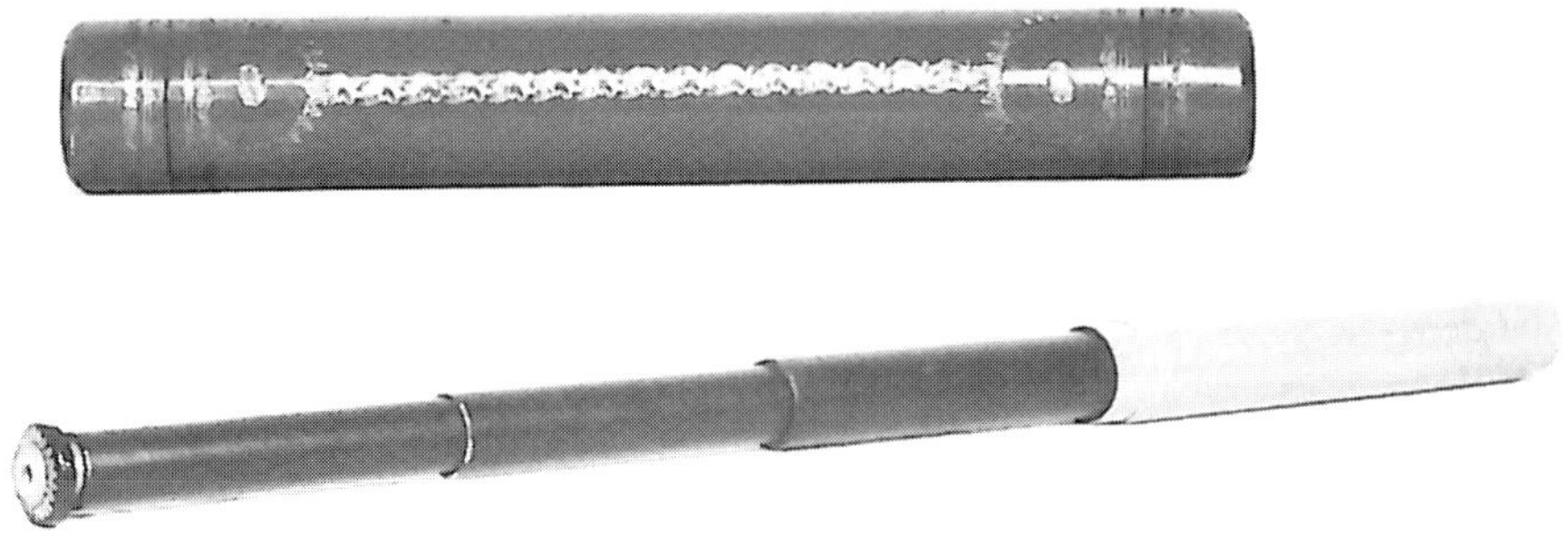

〔写真⑧〕和紙製望遠鏡、日本製。全長２ｍ
上は未使用時、下は使用時

のぐ優秀なものでした。特に反射鏡は鋳造品であり、和時計の鐘も鋳造品です。

和時計の鐘も望遠鏡の反射鏡も、鋳造の過程での合金率や造形に大変苦心がなされています。このあたりに和時計・鉄砲・望遠鏡の技術的連係があります。顕微鏡と望遠鏡は使途は異なりますが、機器としての素材や製作技術は異なるところがありません。

雪輪と名づけられた和時計の一部品から、ふと江戸時代の人々がどうして雪の結晶のさまざまな形を知ったのだろうかと疑問に思った時、光学機器を介しての鉄砲と時計の技術的共通性を確かめることになったのです。

さらに、藤兵衛は自らが製作した望遠鏡で天体を観測しています。中でも太陽の黒点観測は天保六年一月六日に開始し、翌七年二月八日まで百五十七日、二百十六回におよぶ連続観測をおこない、太陽黒点の数や位置、大きさを忠実に図示し記録しています。記録には観測時刻が明記され、五ツ刻《どき》（午前八時頃）を基本とし、八ツ刻（午後二時頃）から七ツ刻（午後四時頃）にかけて再度観測しています。滋賀県犬上郡豊郷町にある史料館「豊会館」には、藤兵衛一貫斉作と伝えられる時計が一台保存されています。藤兵衛は鉄砲鍛冶として数々の名銃を製作した人ですが、天体観測に際しても自作の望遠鏡や時計を駆使している様子が目に見えるようにうかがえます。

ネジの構造の不思議に目を見張った日本人

第三章に鉄砲の伝来――それはわが国へのヨーロッパ人の初来であるとともに、機械文明の根幹を支える「ネジ」構造の初来でもあると述べました。日本人は鉄砲のもつすさまじい威力とともに、ネジの不思議な形態に驚き、その効用の素晴らしさを目を見張る思いで知りました。時計のような複雑な機械にはネジが数多く使用されていると思われます。それでは鉄砲や時計の伝来後に日本人はネジに対してどのように対応したのでしょうか。

　慶長十一年（一六〇六）、薩摩大竜寺の学僧南浦文之《ぶんし》の記した『鉄炮記』の文中に

「鉄匠数人をして、その形象を熟視せしめ、月鍛季錬、新たに之《これ》を製せんと欲す。其形制頗《すこぶ》る之に似たりと雖も、其底を塞ぐ所を知らず」

とあります。実は種子島の刀工、八板金兵《やいたきんべ》衛《え》たちが伝来銃と同じものを作ってみたが、銃身の底がネジで閉鎖されていたことを知らなかったというのです。

　また日本最初の銃工である八板家の『八板清定一流系図』には、

「女子　若狭（わかさ）大永七年四月十五日に生る。母は栖原氏の女。法名は妙宵。

天文十二年八月、牟良淑舎（ムラシュクシャ）に嫁ぎ、蛮国に到る。天文十三年蛮船に駕し、来りて父子相見ゆ。数日して若狭大病と詐《いつわ》り、死すと為す。棺槨を営みて殯葬す。蛮人これを見て涙を流さず」とあります。若狭は種子島の刀工、八板金兵衛尉清定の娘でした。清定は主君の命によって、鍛刀技術を転用して日本最初の鉄砲製作に挑んだのです。しかし、銃身底部の尾栓ネジの製作法に行き詰まってしまいました。

　ポルトガル人、ムラシュクシャはネジ製作の技法を知っていました。ムラシュクシャは若い女体との交換条件で、この技法を教えようと申し出たのです。こうして未だ十六歳の美しい少女は、父のため主君のために見るも恐ろしい南蛮異人の毛むくじゃらの体に身をゆだねたのです。

　日本の近代化の幕開け、その近代的機械工業技術の基幹をなすネジ構造の移入、日本最初のネジは若い女性の貞操と引きかえに完成したのでした。

　八板家の系譜に、南蛮異人に娘を与え、また偽りてこれを取りかえすという、日本人としては二重に恥ずべきこの事件をあえて明記したところに、このお話の真実性があるといわれています。しかし、果たしてこの事件は史実であったでしょうか?

V 真鍮がもたらした複雑機構

日本職人の美意識は、作品の美しさを損なう鉄製ネジの使用を忌み嫌っていた。文化文政期に真鍮製錬の画期的な進展があり、職人たちは真鍮製のネジを多用し始める。真鍮こそが日本職人の探し求めつづけていた素材であった。

ネジ考

和時計には、歯車やシャフト、カムやレバーなどの多数の部品を組み合わせ、それらを支える柱や天板、地板《ぢいた》、側板をしっかりと組み立てるために、ずいぶんとたくさんのネジが使用されているはずです。

まして、鉄砲は初めて日本へネジをもたらした工業製品であり、激しい発射のショックに耐えるためにも、ネジをたくさん使って頑丈に組み立てねばならないと思われます。

しかし、それがどうでしょう。火縄銃にはたった一カ所にしかネジは使われていません。和時計ではどうでもよいような所に四個のネジが見られるだけです〔写真①②〕。

そう——時計にも鉄砲にもネジなどほとんど使われてはいなかったのです。

いやいや時計や鉄砲だけではありません。江戸時代の他の工業製品についても、ネジの使用例は極端に少ないのです。江戸時代とはまさに「ネジの無い文化」でした。

〔写真①〕銃身用尾栓（雄ネジ）

その理由はいったい何なのでしょうか。せっかく、鉄砲の伝来によって優れた効用をもつネジの構造と原理を知り、その製法技術を身につけながらなぜ、かくも頑《かたく》なにネジの使用を避け、拒否しなければならないのでしょうか。

それは日本の工芸品、武具や単なる日用品にいたるまで、その製作に芸術的な気くばりを見せる、日本職人たちの美意識がなせる究極の選択であったのです。

錆びつきやすい鉄のネジ類ほど手に負えないものはなく、無理にネジをゆるめようとして醜く崩れたネジ頭《がしら》ほど、彼らの神経を逆なでするものはなかったでしょう。そのため、同じ斜面の原理を応用する簡易なクサビやピンのテーパーを、最大限に利用することで、ネジの代行をさせたのです。

その他の理由としては、硬い鉄材を素材としたネジ製作のための、工作機械や良質の工具に恵まれず、ネジ加工の困難さがあ

〔写真②〕一見複雑な二挺天符時計の内部。ネジの部分はたった四カ所で、すべて外部にある

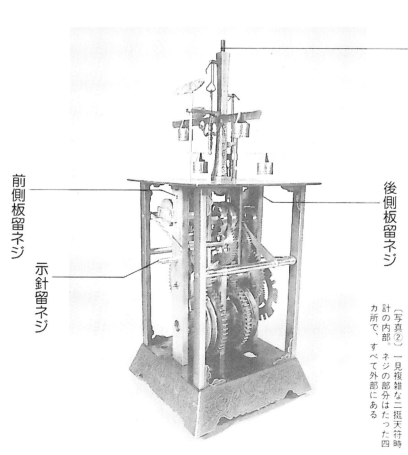

鍛造ネジ法

〔写真③〕

①出来上がった尾栓（雄ネジ）
②加熱した銃身に挿入

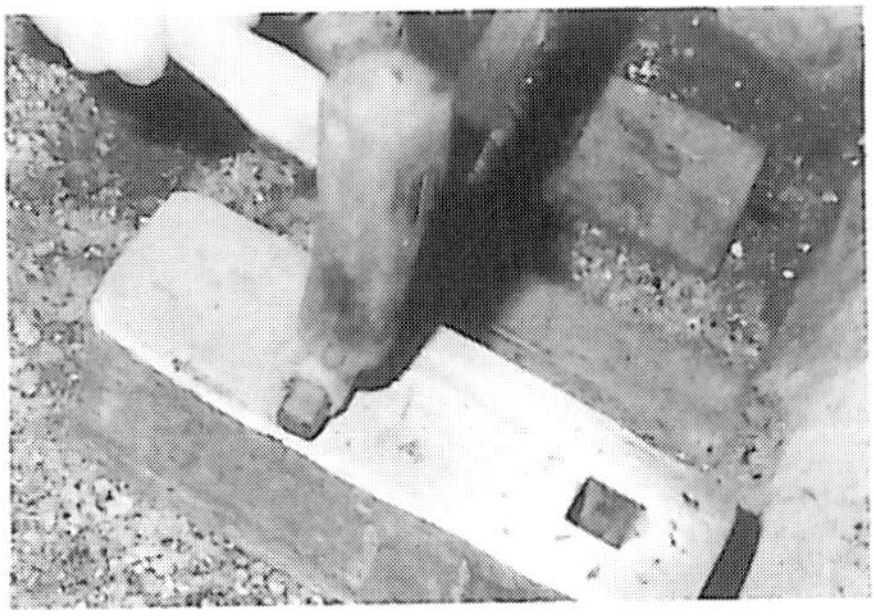

③周囲を叩き固める
④整然とした雌ネジが完成される

〔写真④〕創られた悲劇
種子島銃工・八板金兵衛の娘若狭の碑

げられます。

時計や鉄砲が伝来した天文十二年（一五四三）当時には、もちろんネジ切り用の工作機械も、タップやダイスといったネジ切り用の工具も存在しません。それでは日本最初のネジは、どのようにして製作されたのでしょうか。

日本工業技術史の謎の一つとされたこの問題は、私の考古学的実験で、あっけなく解明されました。それは鍛造《たんぞう》ネジ製作法です。

鍛造で成型され、鑢《やすり》でネジ山を切られた尾栓（雄ネジ）を赤熱した銃身尾部に差し込み、周囲を叩き固めて雌ネジを刻ませるこの手法は、部品がそのまま工具になるので、ピッタリと整合したネジが完成されます（写真③）。

日本最初の銃工・八板金兵衛《やいたきんべえ》は、娘の操を売ることなく、当時の基本的金属加工技術だった鍛造法で、難なくネジ加工技法をクリアしたのです。種子島におけるネジ製作法にまつわる若狭《わかさ》伝説は、日本人の好む忠孝滅私の創られた悲話にすぎなかったのです（写真④）。

鉄から真鍮へ

文化文政時代（一八〇四〜二九）に入りますと、急速に真鍮《しんちゅう》製品が市民生活の周辺に使用され始めます。それは合金である真鍮の製造技術に一段と進展が見られ、量産化に成功したからに違いありません。価格も入手しやすいものになったのです。軟らかくて加工容易な真鍮はネジを成型することも簡単ですし、第一に錆びつく心配がありません。

こうして文化文政期を境として、和時計も鉄砲も、どっとネジが使用され始めます。和時計は部品も外板もすべて真鍮製の作品が多くなり、彫刻や造形が華美で精緻に満ちたものとなります。各所にネジが使用されて、飾柱《かざりばしら》のような、本来時計の機能にまったく不用なものまでが出現し、ネジで固定されています。

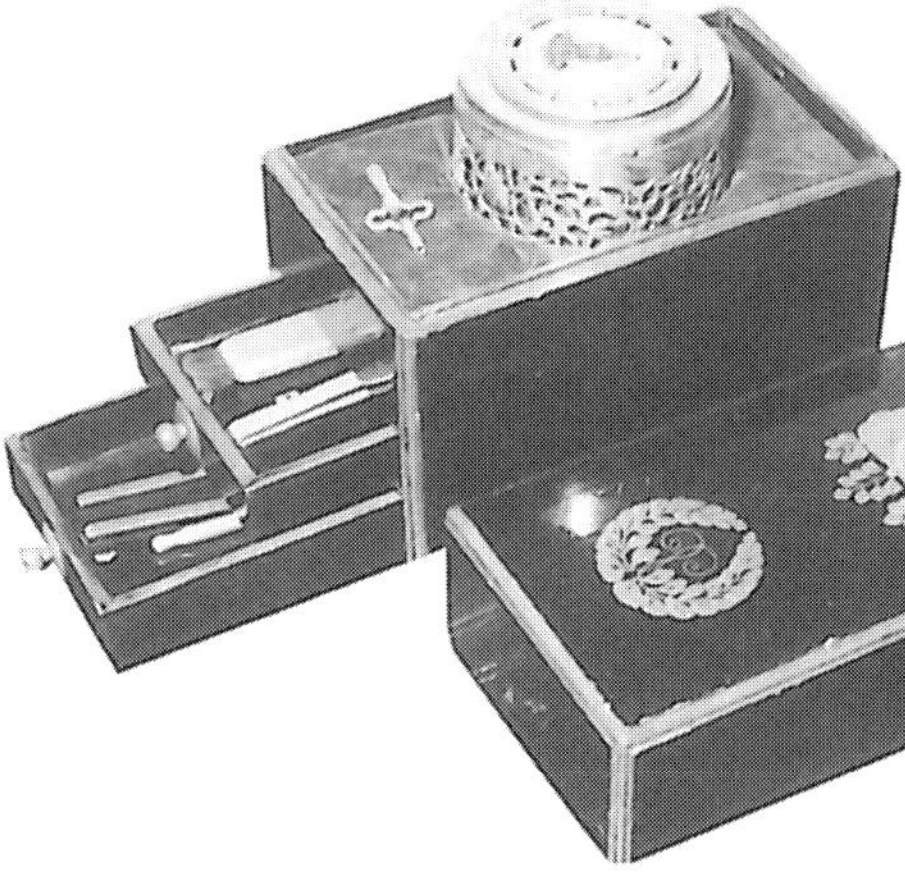

〔写真⑤〕船時計

大名時計と呼ばれる枕時計や卓上用の小型時計、船時計〔写真⑤〕、卦算《けさん》時計なども姿を現しました。

小型化に成功し、より複雑な機構となり、透かし彫りやエッチングなど金工技術の粋を尽くした作品が完成されるのも真鍮が素材であればこそです。

一方、銃砲の技術革新にも、ネジの多用が見られます。その最も顕著なものは空気銃の国産化の成功でした。空気銃は、圧搾《あっさく》された空気のエネルギーで弾丸を飛ばすもので「風銃・風砲・気砲」などと呼ばれました。

現在の空気銃は、小さな鉛弾を発射するもので、小鳥撃ちや十メートルの標的射撃に使用する玩具に等しいものです。しかし江戸時代の気砲は、軍用を目的としたもので、火縄銃に近い威力を追求しています。特に気砲の最初の開発成功者は、天体望遠鏡の国産化に成功した近江の銃工・國友藤《くにともとう》

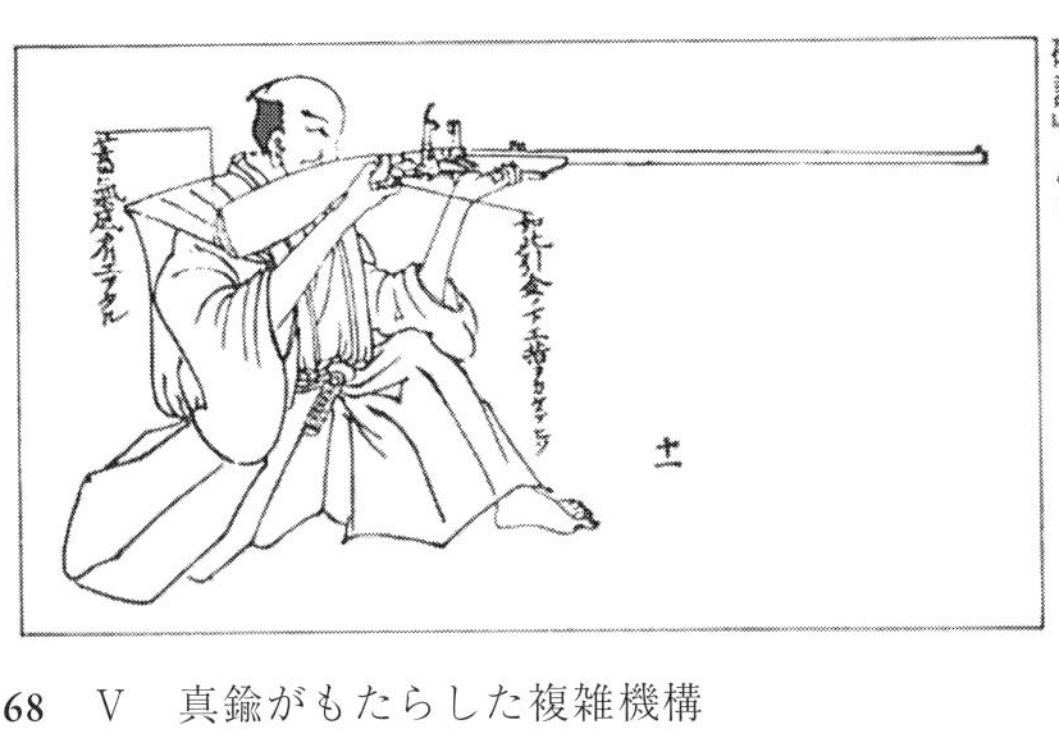

〔図①〕國友藤兵衛一貫斉著『気砲記』より

兵衛《べえ》一貫斉《いっかんさい》でした〔図①・写真⑦〕。

気砲は、真鍮を基盤として一部に鉄を用いた機関部と、真鍮と銅板で作られた風袋（蓄気筒——ボンベ）と、銃身部の三体をネジで結合して組み立てられています。高圧の蓄気を保つためには、ネジのもつ締結《ていけつ》力《りょく》が優れた気密性を発揮していたのです〔写真⑥〕。

気砲の機関部のメカニズムは剝《む》き出しで、すべての部品がネジによって留《と》められている様子がよく見えます。ネジ・ネジ・ネジ、気砲はまるでネジの塊《かたまり》なのです。

和時計や鉄砲の重要な素材であり、ネジを素直に多用させる要因となった真鍮の歴史とはどのようなものであったのでしょう。

真鍮の歴史

一見すれば純金とも見まがう美しい合金

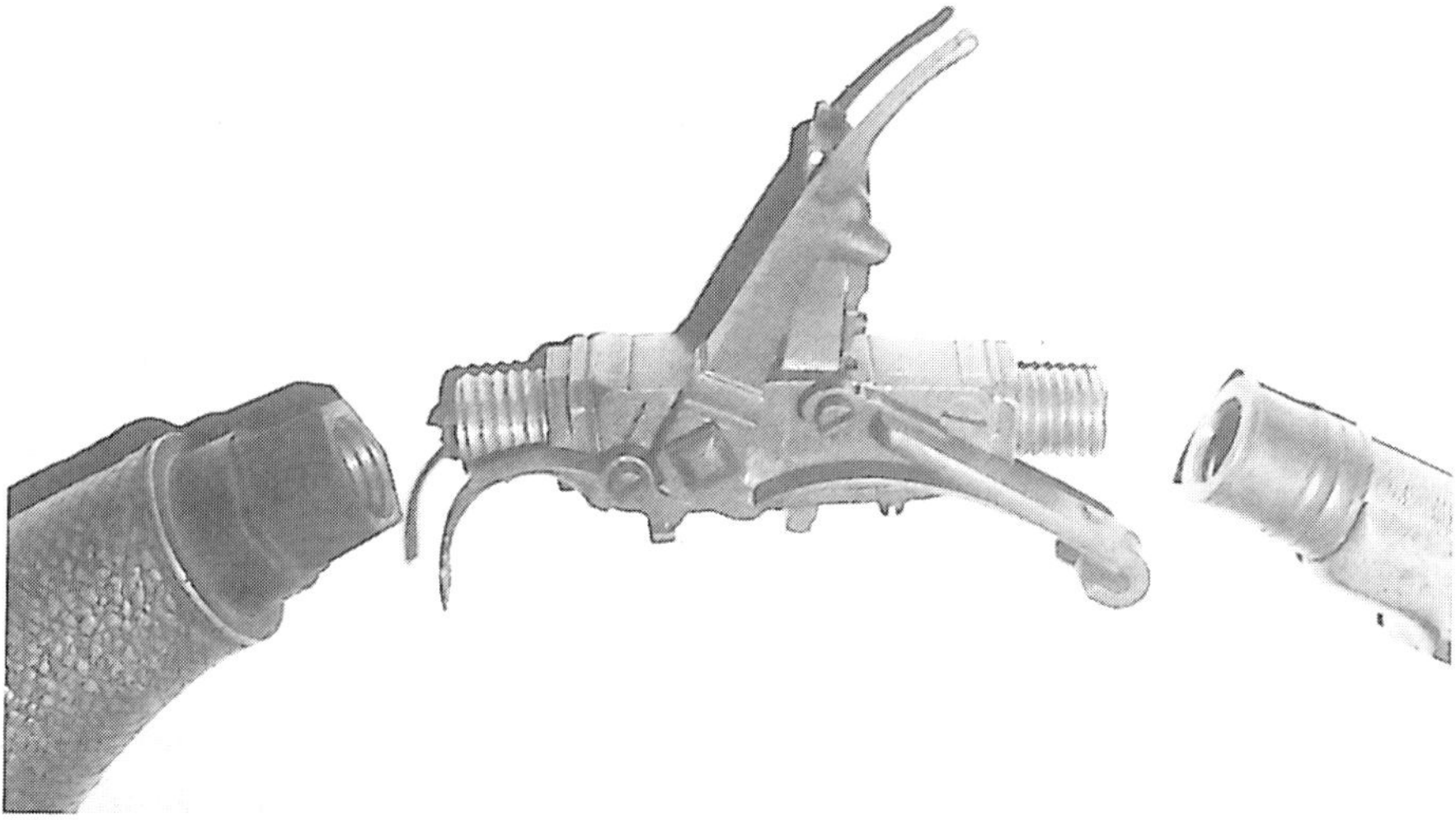

〔写真⑥〕真鍮が多用されネジで銃身・機関部・蓄気筒が連結される。機関部はすべてネジ留めで構成され、あたかもネジの洪水のようである

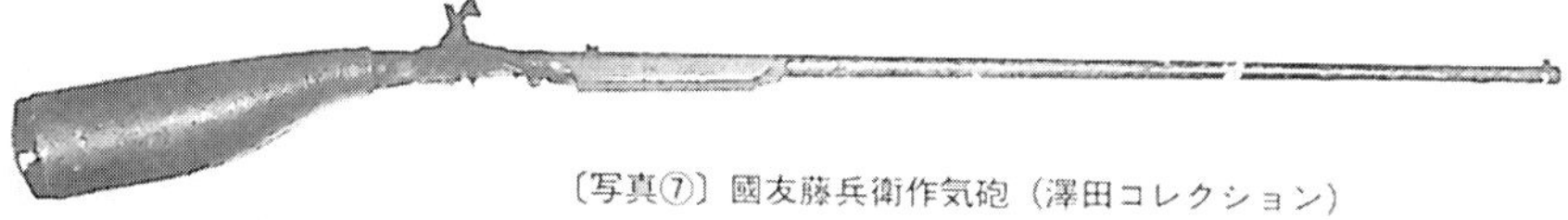

〔写真⑦〕國友藤兵衛作気砲（澤田コレクション）

である真鍮（BRASS《ブラス》）は歴史も古く、ローマ帝国では貨幣として用いられました。真鍮はシルクロードを経て中国に入り、わが国では八世紀に仏具として使用され始めています。

真鍮は銅と亜鉛の合金です。亜鉛とは鉛に似て鉛にあらざる金属として、中国人が名づけたものです。

亜鉛鉱は最初は輸入品であったため、「鍮石《ちゆうじやく》」（輸入石の意）と名づけられたものです。

明の学書『天工開物』の中には亜鉛のことを「倭鉛《わえん》」と記されていますが、これは明国沿岸を荒らしまわった倭寇《わこう》の猛々しい姿と、溶解点がわずかに四百二十度で火中に入れば、たちまち毒々しい煙となってしまう亜鉛の性質とを重ね合わせたものです（図②）。このため亜鉛の溶錬作業にはルツボを用いなければなりませんが、この作業には酸性ガスが発生し、就業労働者は発熱や発咳に苦しむ辛いものでしたので、亜鉛のことを「辛苦《しんく》」とも表現しました。鋅《しんく》とも書きます。英語ではこれを「ZINC《ジンク》」と表音し、元素としての亜鉛の原子記号「Zu」の語源でもあります。

この作業は泥と火を扱う苦しい労働であったため、わが国でも用いる「塗炭《とたん》の苦しみ」の語源となり、亜鉛のことを現在も

（図②）倭鉛（亜鉛）精錬用ルツボ。『天工開物』所載の亜鉛製造図

「トタン」と呼んでおります。ポルトガル語でもトタンの表音を「TUTANAGA」と書きます。

中国では西域より輸入したカラミン・ブラスを真鍮と呼び、自国で後年発見された鍮石を仮鍮と名づけて区別していましたが、最後には真鍮の名称に統一しました。まさに文字の国、中国であります。

わが国では亜鉛の入手は輸入に頼ったため、価格相場が不安定でした。相場の変動の激しいものをトタン相場というのはこのためで、豪商三井家ではトタンの商いを厳禁していました。

わが国に真鍮が輸入されるのは奈良朝ですが、亜鉛が輸入されるのは室町期の終わり頃です。この亜鉛を用いて真鍮合金の国産化に成功するのは慶長期（一五九六〜一六一四）の初め頃と推定されています。

真鍮の神様

滋賀県甲賀郡水口町山上に、真鍮の神様といわれるものがあります。その御神体は庚申《こうじん》大青面金剛童子で、この山上の天台宗・広徳寺の本尊となっています。

〔写真⑧〕真鍮の神様。庚申山・広徳寺

本来は天地和順、生物育成、悪病除災、開運盛隆の守護神である青面金剛童子がなぜ、真鍮の神様であるのか。

寺院である広徳寺の石段の上り口には立派な石造りの鳥居があって、典型的な神仏混淆《こんこう》時代の遺構が温存されています〔写真⑧〕。

寺伝によれば、天正・文禄（一五七三～九五）の頃、この庚申山の麓に藤左衛門という貧しい農夫が住んでいました。

戦乱のため田畑は荒廃し、生計に窮して田地を棄《す》て流民になる寸前のことでした。日頃信仰する庚申様に家運挽回の祈願をするために、文禄二年（一五九三）正月二十五日より十七日間、庚申堂にて断食祈願の修行に入りました。満願の夜、夢枕に青面金剛童子が現れ、銅にトタンを混ぜる真鍮合金の法をつぶさに伝授したのです。

慶長四年（一五九九）京都に出た藤左衛門は、この秘法をもって黄金色の光沢に光り輝く合金の鋳法に成功したのです。

真鍮吹業は繁盛し、藤左衛門は貧農から大富豪となり、八十九歳の天寿をまっとうしました。それは錬金術と見まがう成功であり、彼はわが国の真鍮製錬の鼻祖となったのです〔写真⑨〕。

〔写真⑨〕日本真鍮吹の鼻祖、藤左衛門の銅像

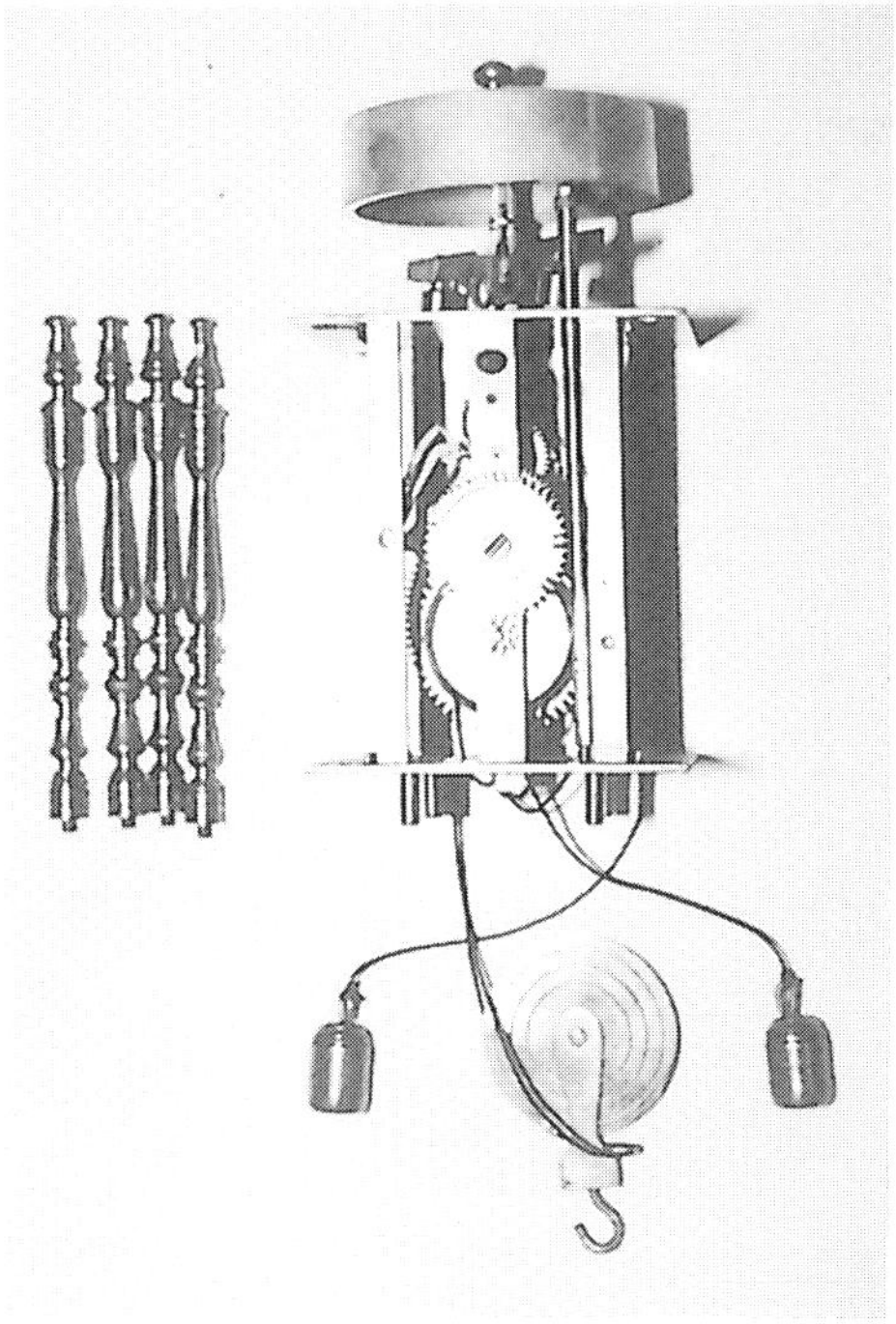

〔写真⑩〕総真鍮製小型一挺天符時計。部品の多くがロクロで研削され、ネジが多用されている。文化文政期以降の和時計

〔写真⑫〕棒天符から円天符へ

〔写真⑪〕真鍮の透かし彫り

財をなした藤左衛門は元和二年（一六一六）に本堂を庚申山に寄進しましたが、今日もその本堂は残されています。

注意しなければならないことは、広徳寺伝承の夢枕物語を単なる伝説として無視できないことで、時代的にはわが国の真鍮黄銅史の史実と完全に符号するのです。

真鍮材が多用されるという和時計の材料学的変革期である文化文政期にこそ、ネジを多くの部分に採用し、メカニズムはより複雑になり、装飾も一段と精緻になるといった技術革新がおこなわれたのです。さらにこの時代から突如として出現する黄金色もまぶしい真鍮カラクリの和時計は、円天《てん》符《ぷ》の採用と細やかな機構によって、いっそうの小型化が図られます〔写真⑪⑫〕。

鉄材では無理でも、真鍮ならば研削加工が可能であるロクロなどの工作機器が開発され、導入され始めたのです。歯車は薄く小さな円板状となり、ロクロを使用しての削りあとや研磨の仕上げが美しく見えます〔写真⑩〕。

こうして鉄と真鍮はその主役を交替し、技術的進歩の尖兵として、真鍮は象徴的な存在となりました。

かつて真鍮は舶来貴金属であり、当初は純金に匹敵し、輸入量が増加しても純銀と同価であったものが、国産化によって普遍的な金属として、庶民にも親しまれるものになったのです。

Ⅵ　機構に命を吹き込んだぜんまい

時計の新しい心臓となったぜんまいバネ。コイルスプリングが時計を小型化し精密化したのである。時計は自由に戸外の世界へと飛び出した。旅行用時計や懐中時計の出現である。そしてコイルスプリングが日本へ伝わったのも鉄砲伝来と共にであった。

ぜんまい（コイルスプリング）

前章までに鉄から真鍮《しんちゅう》へと素材を転換することで、技術革新をもたらした和時計の歴史を述べました。

初期の機械時計の駆動エネルギーは、重力を利用する重錘《じゅうすい》式です。ヨーロッパでは十五世紀後半に旅行用の携帯時計として、ランタン時計などの試作が始まりましたが、その駆動エネルギーはぜんまい式スプリングです。わが国では弾力を利用するために、古くから竹や木や鯨髭《くじらひげ》といった動植物を素材としました。これら有機物は、生体であっただけに、バネとしての性能に限界があります。

金属性スプリングは、ネジと同じく鉄砲と共に舶来したのです。鉄砲の機関部（カラクリ）にはさまざまなタイプがありますが、平カラクリと蟹目ナキ外カラクリ以外はすべてコイルスプリングが使用されています（写真①・図①）。

このコイルスプリングは「ぜんまい」「スルメ」などと呼ばれていますが、渦巻《うずまき》

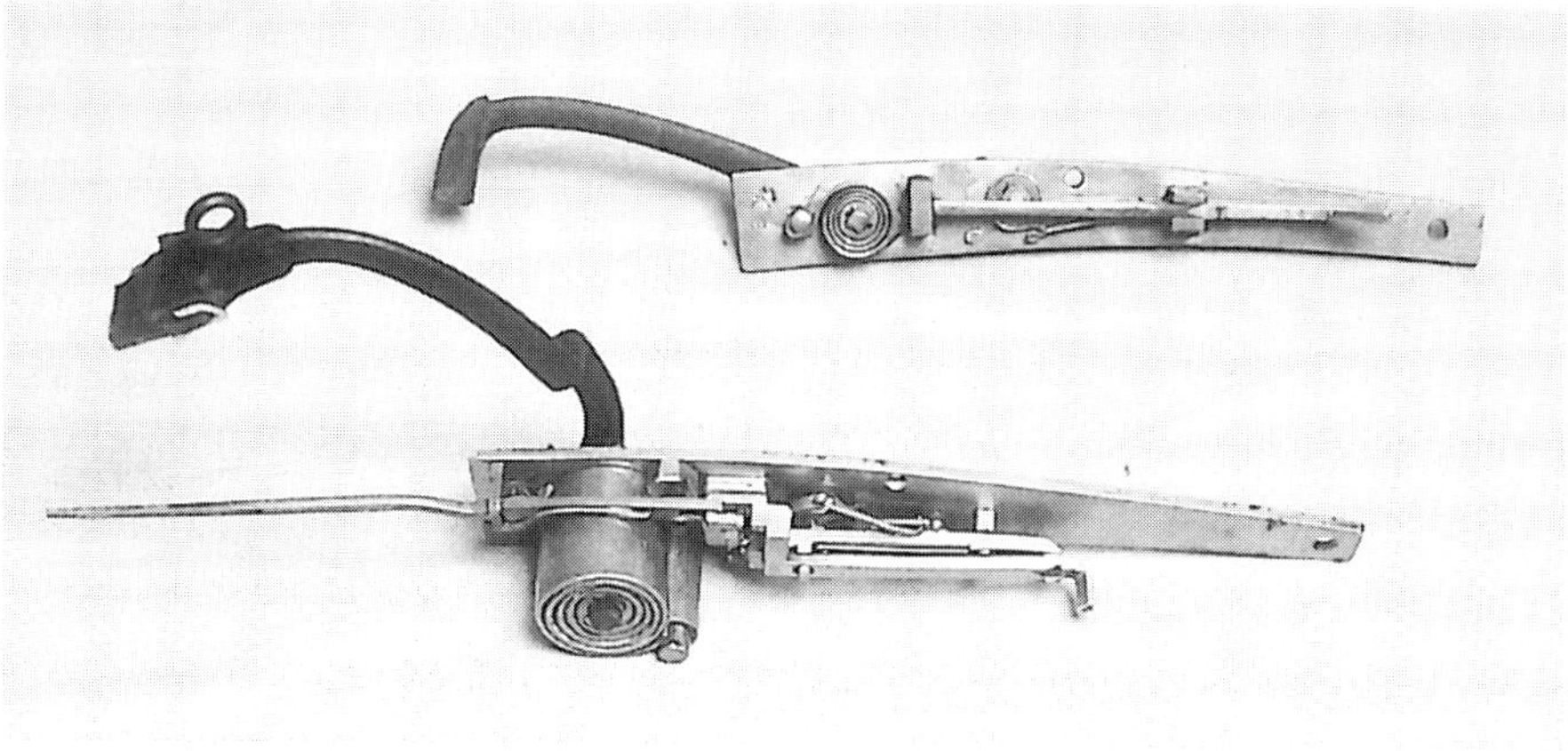

〔写真①〕鉄砲機関部。真鍮のコイルスプリングが見える

〔図①〕鉄砲カラクリ七種

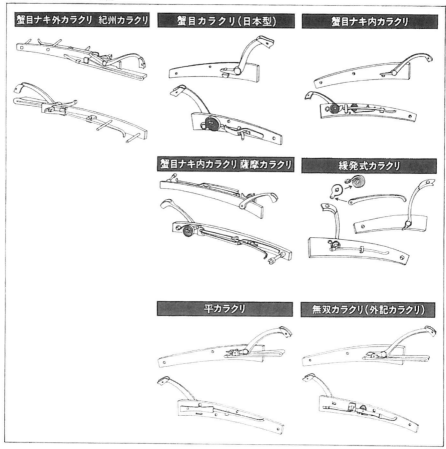

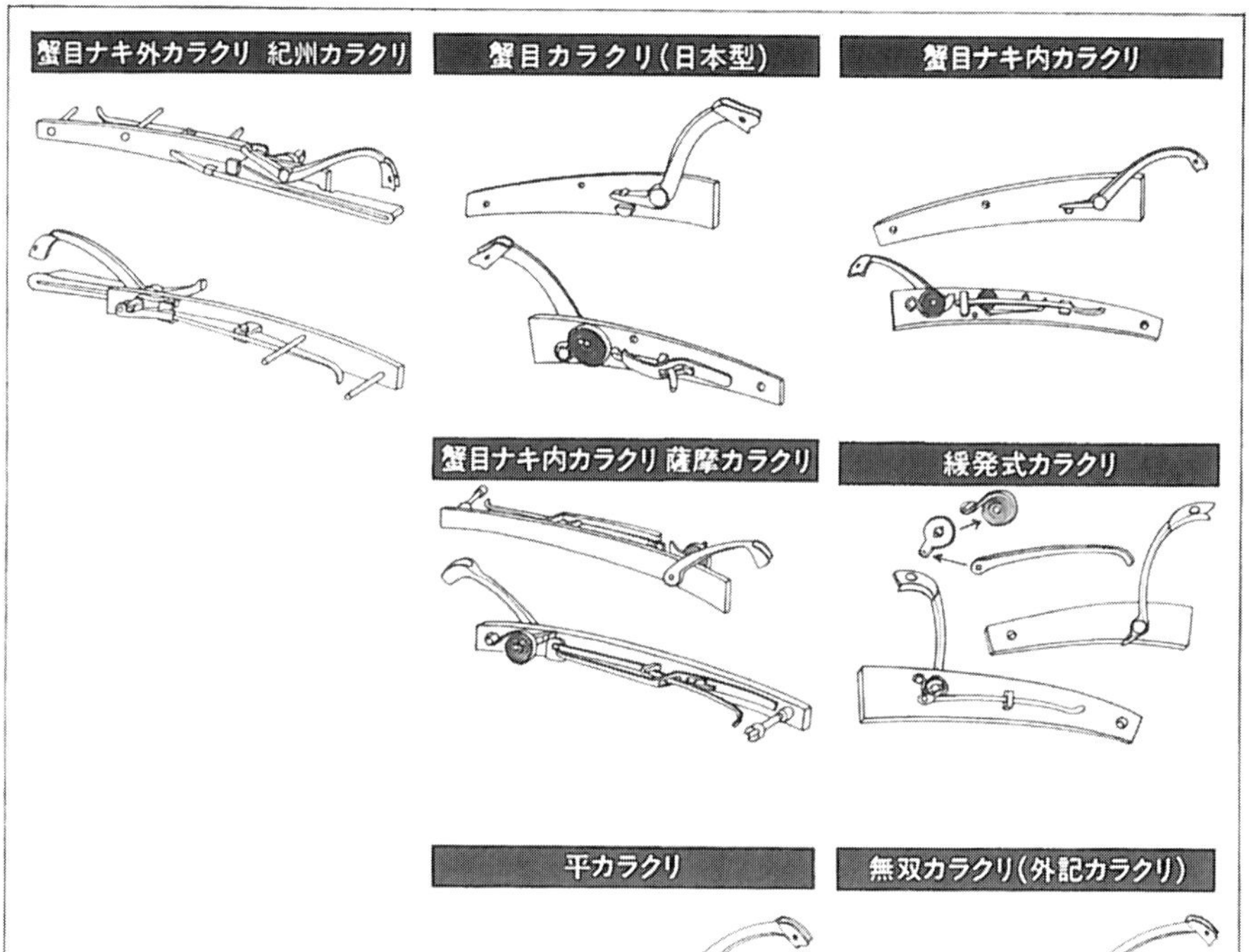

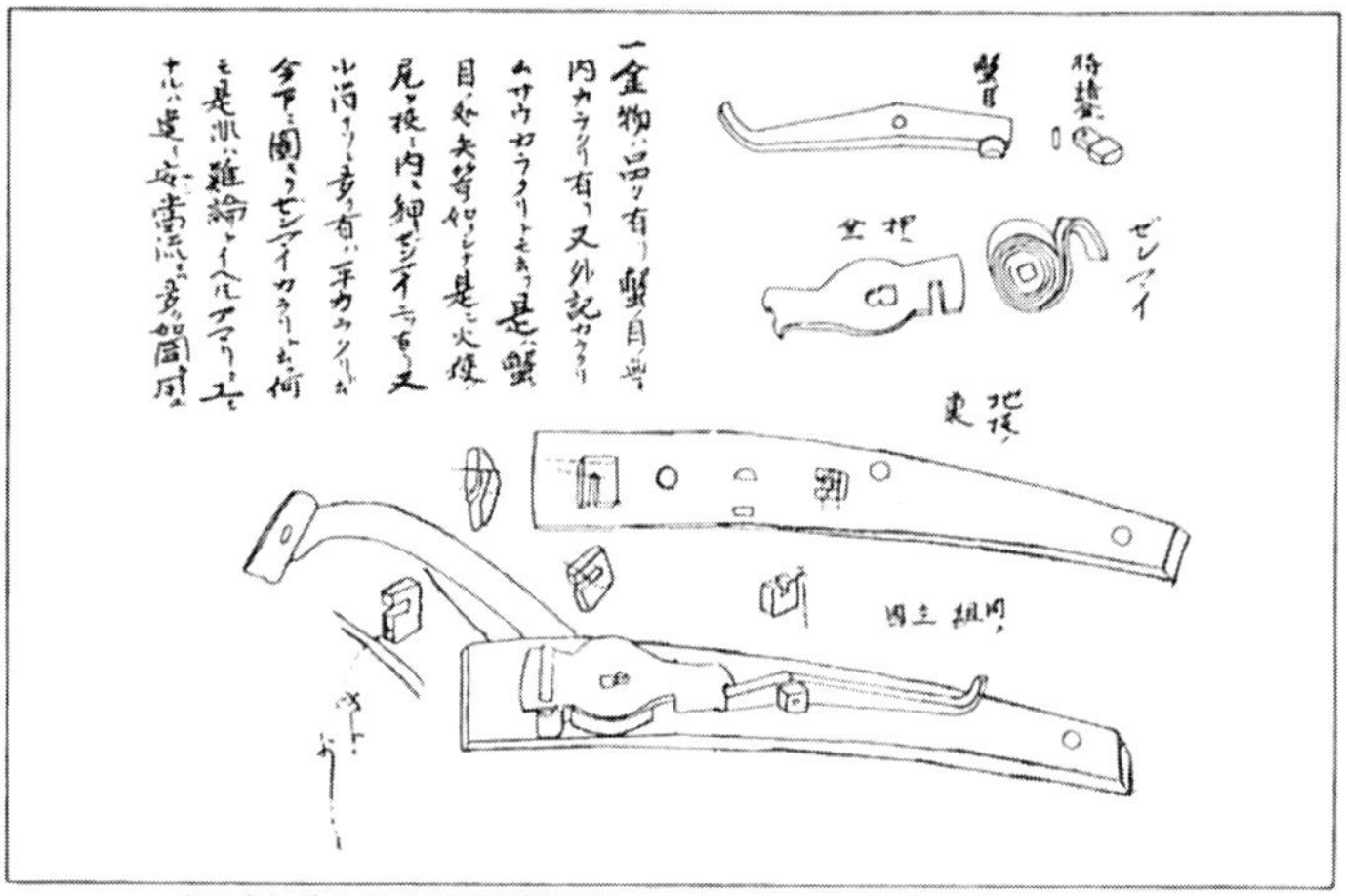

〔図②〕『中島流砲術管闚録』。ぜんまいの文字が見える

状の形態上の表現でしょうか〔図②〕。

コイルスプリングには真鍮が素材として用いられています。特に真鍮は、鎚《つち》で打つことによって弾力を増すことができます。

加工が容易である点でも、真鍮製コイルスプリングには利点があります。鉄砲の撃発作動は瞬間的で作動のストロークが短いため、真鍮製コイルスプリングで充分であったのです。重錘式を長い間の伝統とした和時計にも、やがて真鍮製コイルスプリングを動力とする時代が訪れます。

和時計を簡単に移動させたり、必要な場所へ携行するためには、コンパクトにせねばなりません。重錘式和時計ほど移動の際に、長い紐の先でブラブラと振れ動く重錘《おもり》が邪魔で煩《わずら》わしいものはありません。

枕時計や卓上時計に真鍮製コイルスプリングが組み込まれた時代があります。

コイルスプリングは円筒形のケース（香《こう》箱《ばこ》）に納められていますが、時計のように長い時間ゆっくりと弾力を持続させるためには、真鍮の弾性は必ずしも充分ではありませんでした。真鍮は強く捲き上げて締めつけられると、次第に慣性によって元の形へ戻る復元力を失っていきます。より長時間作動させるためには、厚さを薄くして捲き数を多くせねばなりませんが、それではますますコイルスプリングとしての性能の劣化を見るばかりです。

この問題を解決する方法があります。それは真鍮より弾性の優れた鋼《はがね》を用いることです。皮肉なことに、鉄から真鍮へと素材を代えることで技術的発展を得た和時計が、ぜんまい時計の製作にいたっては、再び真鍮から鉄への転換を図らねばならなくなりました。

ヨーロッパにおいて、ぜんまい式スプリングが開発されたのは西暦一五〇〇年、ドイツの南西に位置するニュールンベルグの時計師ピーター・ヘンラインであるとされています。これらぜんまい時計は小型化されて卵大《たまごだい》となり「ニュールンベルグの卵」と呼ばれて懐中時計の原型となったのです。

静岡県久能山《くのうさん》の東照宮に現存するわが国最古の機械時計もぜんまい式で、一五八一年、スペイン・マドリッドの時計師ハンス・デ・エバロによって製作されたものですが、ヨーロッパにおいてもぜんまい式スプリングが実用されるのは十六世紀なかばであり、多用されるには十七世紀に入らねばならなかったのです（一九頁、写真②）。

和時計に鋼鉄製の粗末なぜんまいが使用され始めたのは、江戸中期であると報告された研究書を見たことがありますが、実証はされていません。鋼鉄を薄いリボン状のテープにし、これに弾力をもたせるための焼き入れや焼き戻しの技術は、容易なものではなかったのです。

多くのぜんまい式スプリングは香箱に入っていて、ぜんまいの材質や仕上がりを確認することが難しいのです。しかし鍛造《たんぞう》と刃金《はがね》の焼き入れ技術については、世界に冠たる日本刀の伝統と刀匠の存在があります。日本人がヨーロッパ製に比して遜色《そんしょく》のない、ぜんまい式スプリングを完成した年限を確定し得る資料が発見されました。それは、和時計でも日本刀でもなく、和銃——鉄砲であったのです。

鋼輪式銃「輪燧佩銃」

輪燧佩銃《りんすいはいじゅう》とは鋼輪《こうりん》式の燧石《すいせき》式銃のことで、讃州（香川県）高松藩の藩士・久米栄左衛《くめえいざえ》門通賢《もんつうけん》が文化十一年（一八一四）に開発した優秀な銃器でした〔写真②〕。

　ぜんまい式スプリングの弾力によって十数回転もする鋼輪に燧石を接触させ、飛び散る火花で火薬に点火するもので、原理は現在のガスライターやオイルライターの発火装置と同じです。このシステムは「歯輪《ホイール》式鉄砲《・ロックガン》」とも呼ばれ、ヨーロッパではすでに十六世紀に出現し、火縄銃と併行して実用化されていました。このホイール・ロックガンが、一五一五年にドイツ・ニュールンベルグの時計工によって発明されたとか、一五一七年にオーストリア・ウィーンの銃工、ヨハン・キーファスの考案であるといった説はすべて伝説的なもので、実証されたものではありません。しかし十六世紀初頭には、ぜんまい駆動によって小型化された携帯用時計が出現しているのです。

　ラチェットやスプリングドラムを主体とするホイール・ロックガンが、時計師によって開発されたとしても矛盾はありません。伝説のごとく時計工によって発明されたのであれば、ホイール・ロックガンの駆動エネルギーはぜんまい（コイルスプリング）を利用しているでしょう。しかし、私たちが実見することのできるヨーロッパ製ホイール・ロックガンの機関部には、板バネが使用されているのみです〔写真③〕。

　付属するスパナ（鍵）で右回りに四分の三回転ほど捲き上げるとシアー（注）によ

（注）シアーとは逆鈎（ぎゃくこう）のこと。トリガーを引くとシアーがハンマーからはずれ、ハンマーは倒れる

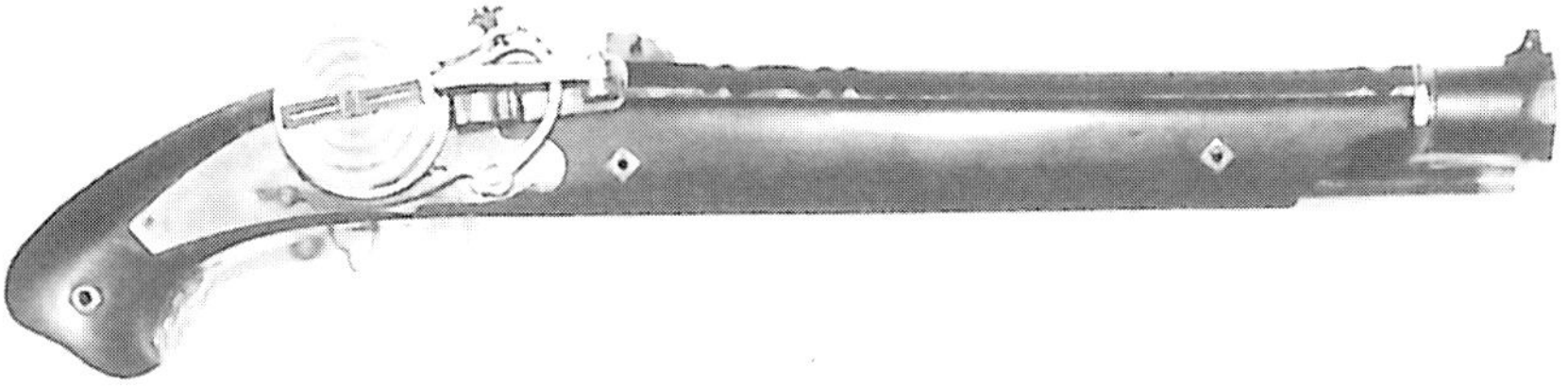

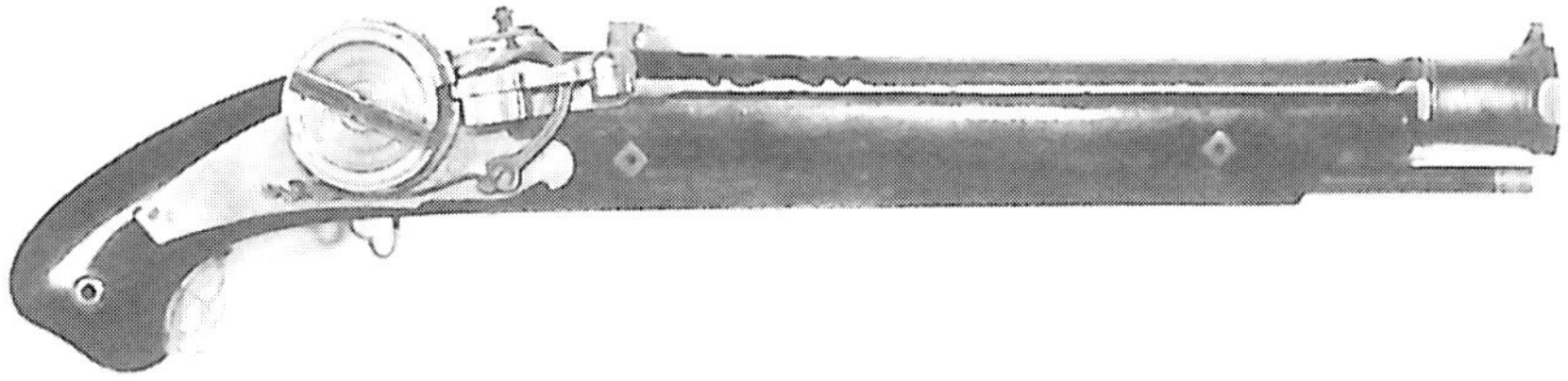

〔写真②〕久米栄左衛門通賢作輪燧佩銃。
文化11年製（澤田コレクション）

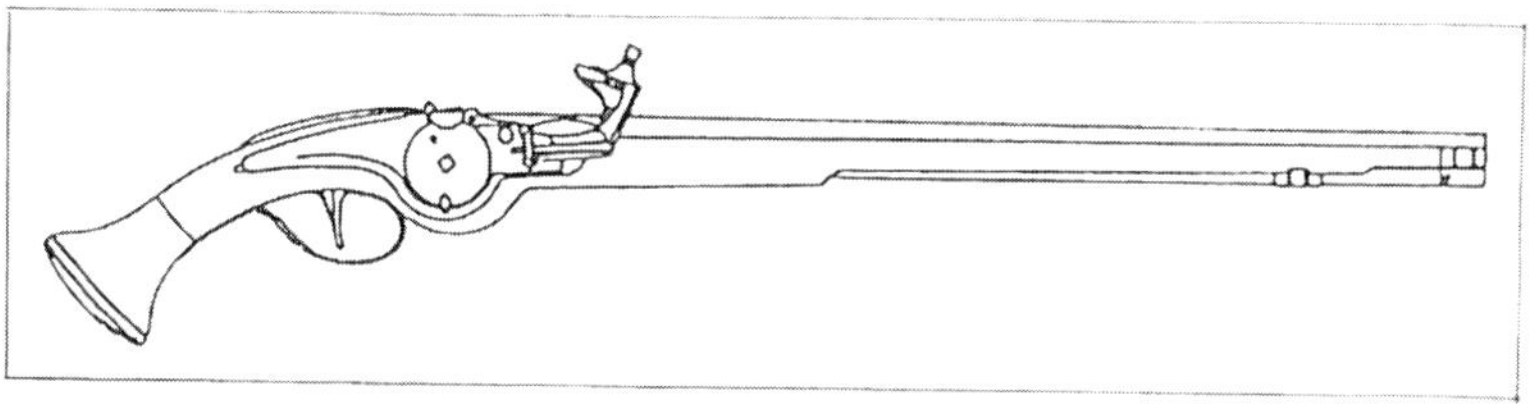

《機関部》

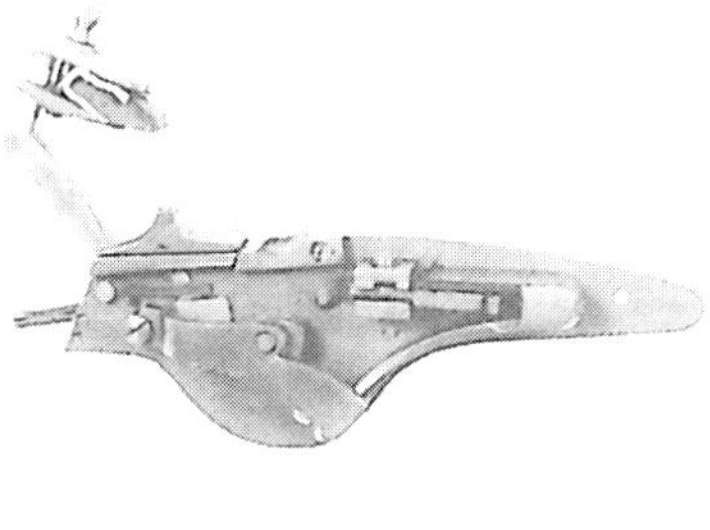

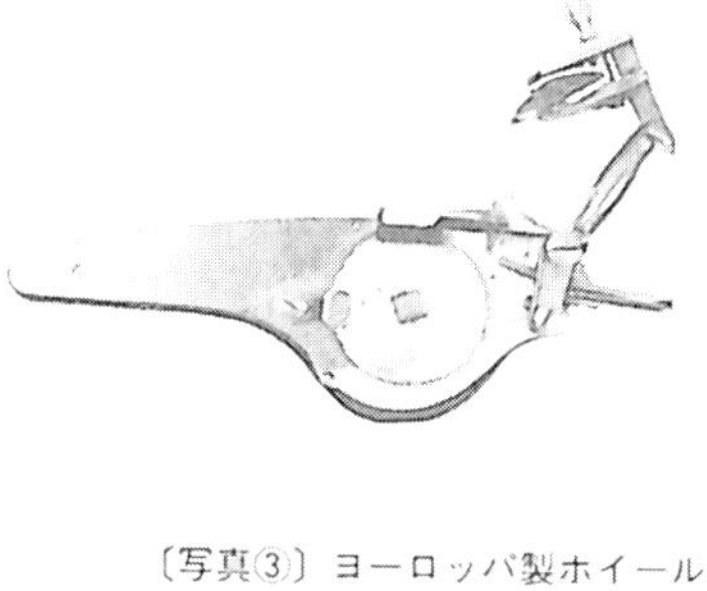

〔写真③〕ヨーロッパ製ホイール・ロックガン。板バネ使用（ぜんまいバネは見られない）。機関部は右が表面、左が裏面（澤田コレクション）

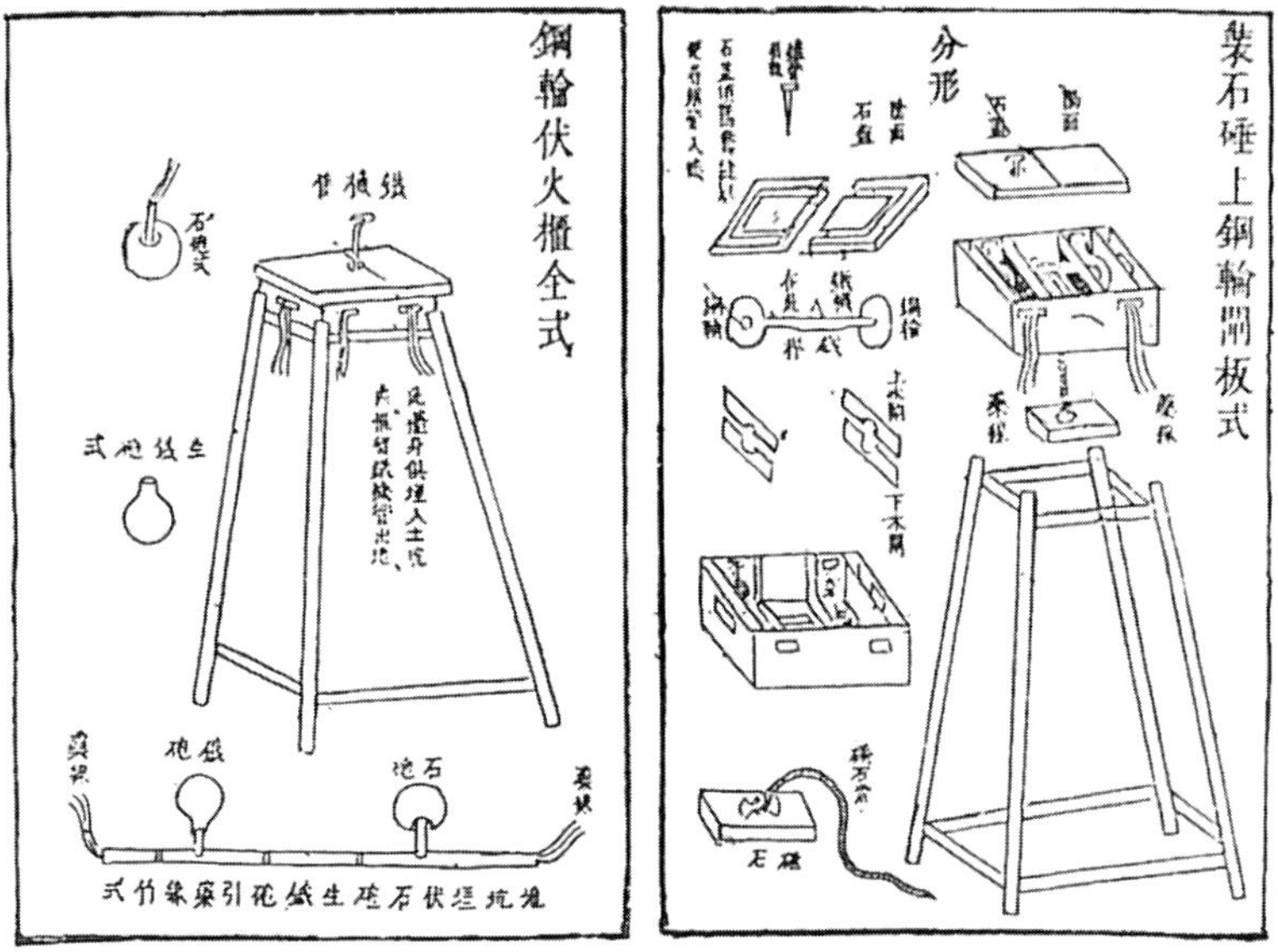

〔図③〕茅元儀著「武備志」134巻、火器13図

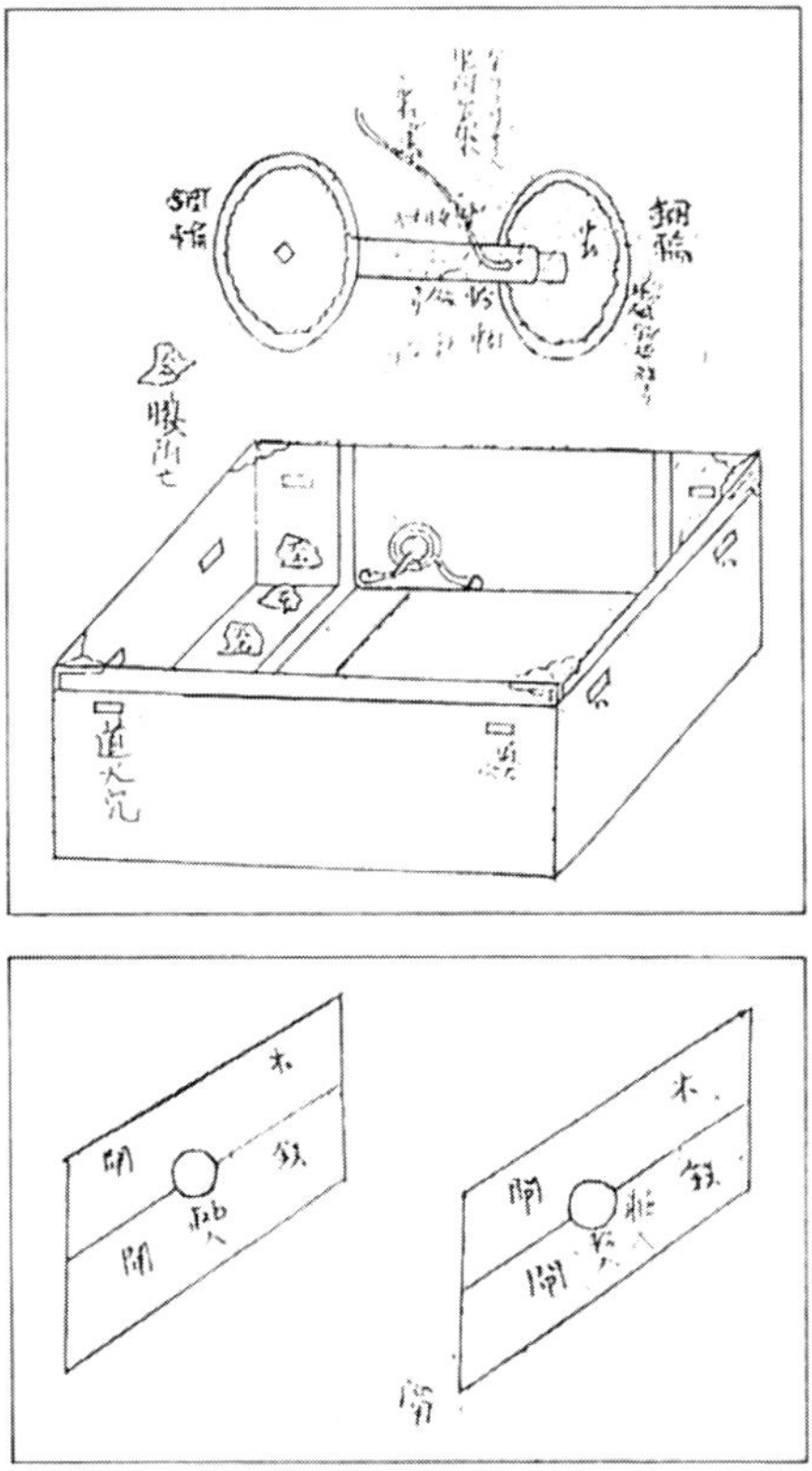
〔図④〕久米通賢直筆「武備志学習写図」（鎌田共済会郷土博物館蔵）

ってストップし、引金を引きシアーがはずれると猛烈な勢いで四分の三回転をおこなうのです。惰力を計算に入れても一回転もしないのです。瞬間的なその運動は激しい動揺を銃に与え、時間が短い分だけ火花を発する時間も短い――不発が多く命中性能が悪いということです。その上、時計製作と同じように時間と経費を要することもあって、ホイール・ロックガンは間もなくヨーロッパから姿を消してしまったのです。

久米通賢が開発した輪燧佩銃は、このヨーロッパ製ホイール・ロックガンを原型としたものではありません。通賢は中国明代末期の兵書『武備志《ぶびし》』の中に図説されている諸葛孔明《しょかつこうめい》が考案したとされる「鋼輪伏火《ふせび》」と称する地雷火の装置をヒントとしたのです〔図③④〕。

　この地雷火は人が近づいたショックで落下する重錘の動力によって鋼輪が回転し、これに接触している燧石の火花が地雷の導火線に着火するといったものです。この装置は和時計の櫓《やぐら》台時計にそっくりです。櫓台時計も重錘を回転エネルギーにしているのですから。

　久米通賢は若い頃、大坂の天文学者・間《はざま》五郎兵衛《ごろべえ》の門人となり本格的な天文観測法を身につけました。そのため通賢は観測用の精密な器具を製作しています。天文学では、観測に計時が必要であるために、通賢は時計についても詳しい人でした。藩王の愛用の時計を修理した記録や通賢作といわれる掛時計も残されています〔図⑤〕。

　通賢が重錘式の地雷装置をぜんまい式の鋼輪銃に応用したことは、ごく自然な発想でした。しかし大きな櫓式重錘装置を小さくするための苦心は大変なもので、通賢は、

　苦思数年（くしすうねん）
　遂縮作二小鋼輪一（ついにつくれるしょう
　　　　こうりんをちぢめて）
制如二枕形一（まくらがたのごとくせい

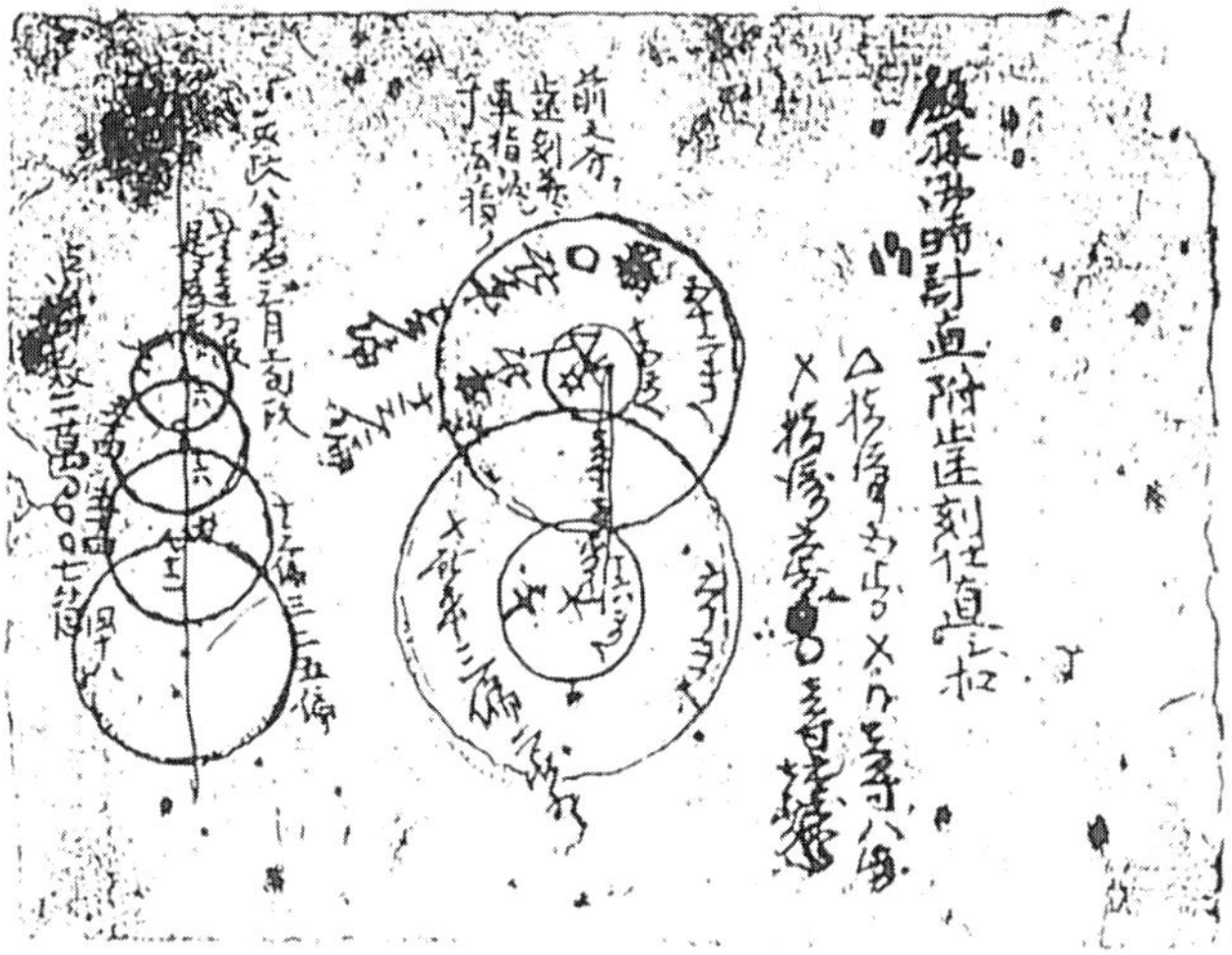

〔図⑤〕久米通賢が藩主の時計を修理した際の控え書（鎌田共済会郷土博物館蔵）

す）

と記しています。枕形とはぜんまい式の枕時計のことで、小型化するために櫓時計から枕時計へと変化した通りのことを、輪燧佩銃の製作に生かしたのです。輪燧佩銃はまさに時計と鉄砲が合体したかのごとく精緻な作品です〔写真⑤〕。

輪燧佩銃は、コイルスプリングの入った円形のケースを左回りに四回ほど時計のぜんまいを捲くように捲き上げます。標的を狙って引金を引けばケースとケースの外周の鋼輪は、十数回もサラサラと軽やかに連続して回転します。多量の火花が連続して驟雨《しゅうう》のごとく火皿へ注がれ、火薬に着火して発射されるのです。動揺もなく不発もない優れた性能をもつ銃器です。鋼輪の円形ケースの中には、見事に鍛造《たんぞう》された鋼鉄製コイルスプリングが十五層も捲かれて納まっています。

薄く均等に打ち延ばされた鋼帯は虹色の

〔写真④〕久米通賢愛用一挺天符割駒式和時計。通賢の生家（香川県引田町）を解体し高松の四国村へ移築した際、発見されたもの（澤田コレクション）

美しいテープのように整然と捲き込まれています。鋼輪式が完成した文化十一年（一八一四）にはヨーロッパに大きく遅れたとはいえ、ヨーロッパ製に劣らぬコイルスプリングがわが国独自の技術で完成していたのです。

日本時計史ではぜんまい駆動の和時計がいつから出現したのか確定はありません。そして日本銃砲史上、貴重な現存資料である輪燧佩銃を分解調査することで、時計史の不明な部分を分析することができるのです。

ぜんまい式和時計——それは枕時計と呼ばれる置時計を中心として、船時計と呼ばれる卓上時計や卦算《けさん》時計、印籠《いんろう》時計、釣鐘時計など日本独特の小型時計としての発展を見ます。そしてそれらに立派な鋼鉄製コイルスプリングが装着されたのは、少なくとも文化年間（一八〇四～七四）以前であると判定することができるのです。

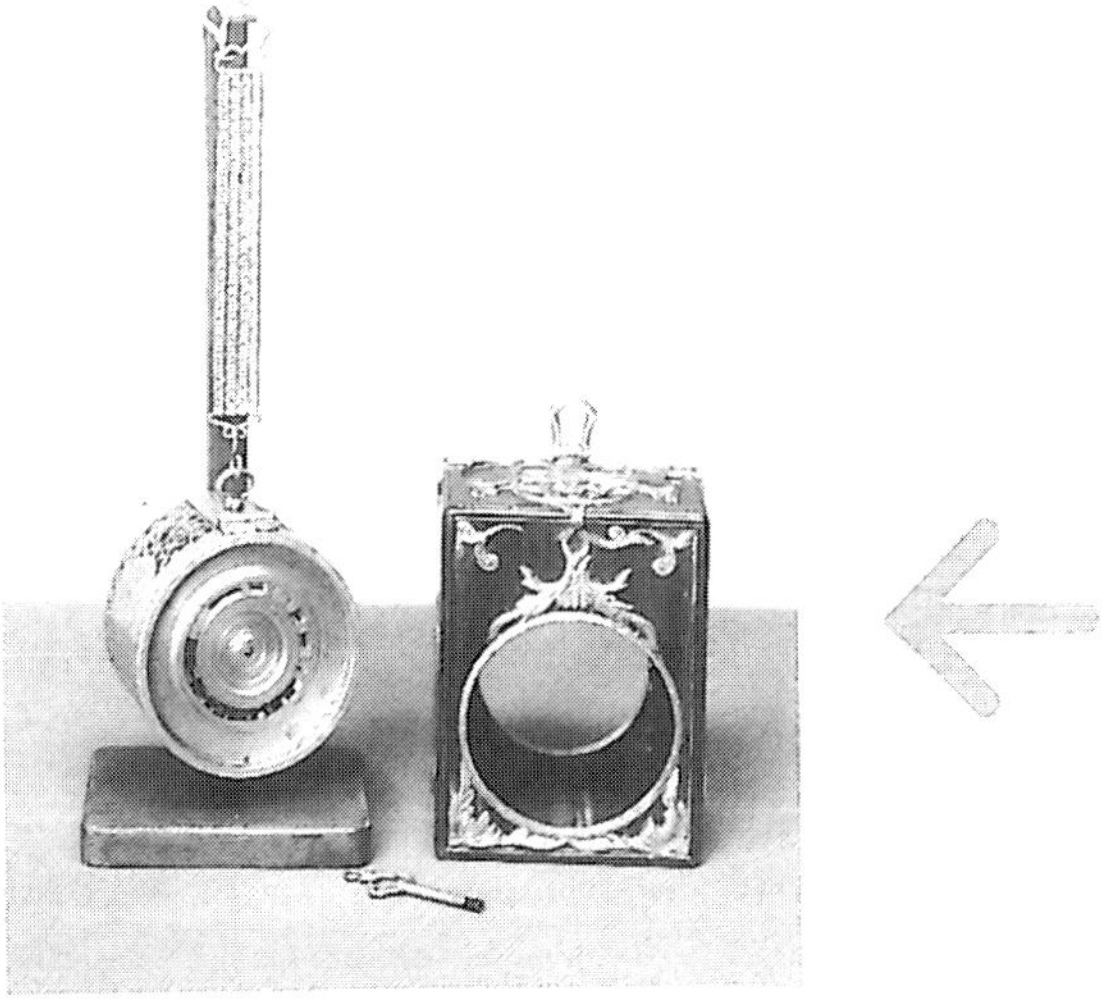

〔写真⑤〕重錘式からぜんまい式へ

Ⅶ　陽と火と鐘と

太陽の光と影が織りなす永劫の時の流れ。農耕民族日本人が最後まで棄て切れずに墨守した不定時法こそ、自然に順応した合理的な生活時法であり、太陽の光に忠実に生活を合致させる真実の時間であった。

太陽の光に生活を合致させた日本人

農耕民族といわれ、事実、農業が主産業であった時代のわが国では、日々の天候や季節の変動は重大な関心事でした。太陽の照る日曇る日あり、寒い日も暖かい日もある。雨期もあり乾期もあって、それが一年という周期であることも知ります。夜空の明るい月の光にも月の見える位置や月の形が変わること、その周期が一カ月（三十日）であることも知ります。明るい昼日の後には必ず恐ろしいほどの闇に閉ざされる夜の時間があり、それが交互に繰り返されて一日という単位も知ることになるのです。何にもまして、太陽が昇り始めて反対方向に沈んでゆくまでの日照時間は農作業を遂行するための大切な時間でした。農作業をしながら人々は、太陽に照らされた周囲の樹木や人間の影が、ある時は大きく、ある時は小さくなっているのに気づきます。影が最も小さくなったとき、太陽は頭上にあり、それが太陽が地上を照らしつづける時間の中間（正午）であることも知るのです。

　こうして太陽の光と影が織りなす変化を時の動きとして人類が利用し始めたのは紀元前を二千年もさかのぼりますが、それがサンダイヤル（日時計）として発達するのもヨーロッパが中心でした。わが国が明治にいたるまで世界でただ一国のみ不定時法を墨守《ぼくしゅ》しつづけたのは、太陽の光に忠実に生活を合致させるためでした。不定時法こそは自然に順応した合理的な生活時法であり、江戸時代のわが国が整然たる管理社会としてよくまとめ上げられ、人々は勤勉で清潔で、人心は穏やかであったのはこのためです。

日時計

日本の気候は四季の変化に富み、日照にも恵まれて太陽に親しみ深く、それから受ける恩恵はさらに深い。にもかかわらずヨーロッパ大陸や他の一部の大陸に見られるように大型の公共的な日時計が広場や街角の建造物に設置されることは日本にはありませんでした。これは社会体制の相違によるもので、「時」は王が管理するものであり、つかさどるのは王の絶対的な権限とする説があります（注①）。その例が中国や日本であるというのですが、それならばヨーロッパにこそ大型日時計など存在しないはずです。

　わが国の歴史において、いつ人民から「時」を奪い、あるいは過酷に押しつけた時代があるというのでしょうか。伝説的な漏刻の陰陽寮の制をいうのでしょうか。あるいは「延喜式《えんぎしき》」に見る工人たちへのノルマのことをいうのでしょうか。為政者が時刻制度を管理して運用するのは当然のこと。むしろヨーロッパの都市の広場や教会や塔などに巨大な日時計や機械時計を設置することこそ、市民たちに共通の時間を与え、

（注①）籔内清著『中国の科学と日本』

その同時性を利用して権力者たちが都合よく支配するためのものであったのです。わが国ではこれに代わるものとして、人々はお城の辰鼓櫓《しんころう》や鐘楼《しょうろう》が知らせる時刻の告知を、太鼓や梵鐘《ぼんしょう》の音で的確に知らされていたのです。それは見る時計ではなく聞く時計であったのです。

おおまかな時刻の刻みではありますが、江戸時代の日本人ほど時間感覚に優れていた国民はなかったのではないでしょうか。当時の人々の旅行記や日記にも克明な時間表示がなされているものを多く見ます。それは都市部だけではなく村々の寺院にまで広く分布していた厖大な梵鐘の数量からも推察することができるのです。

それでは日本には日時計は存在しなかったのでしょうか。日時計こそが不定時法社会に最もなじむ時計でありますのに。設置型の日時計こそありませんが、江戸時代の人々は小型の日時計を気軽に携行して利用していました。矢立《やたて》や刀の柄《つか》、鉄砲道具箱にまで日時計が仕込まれて携行されています。木製あり金属製あり、象牙や角や和紙製のものまであって、彫刻や漆芸《しつげい》で美しく

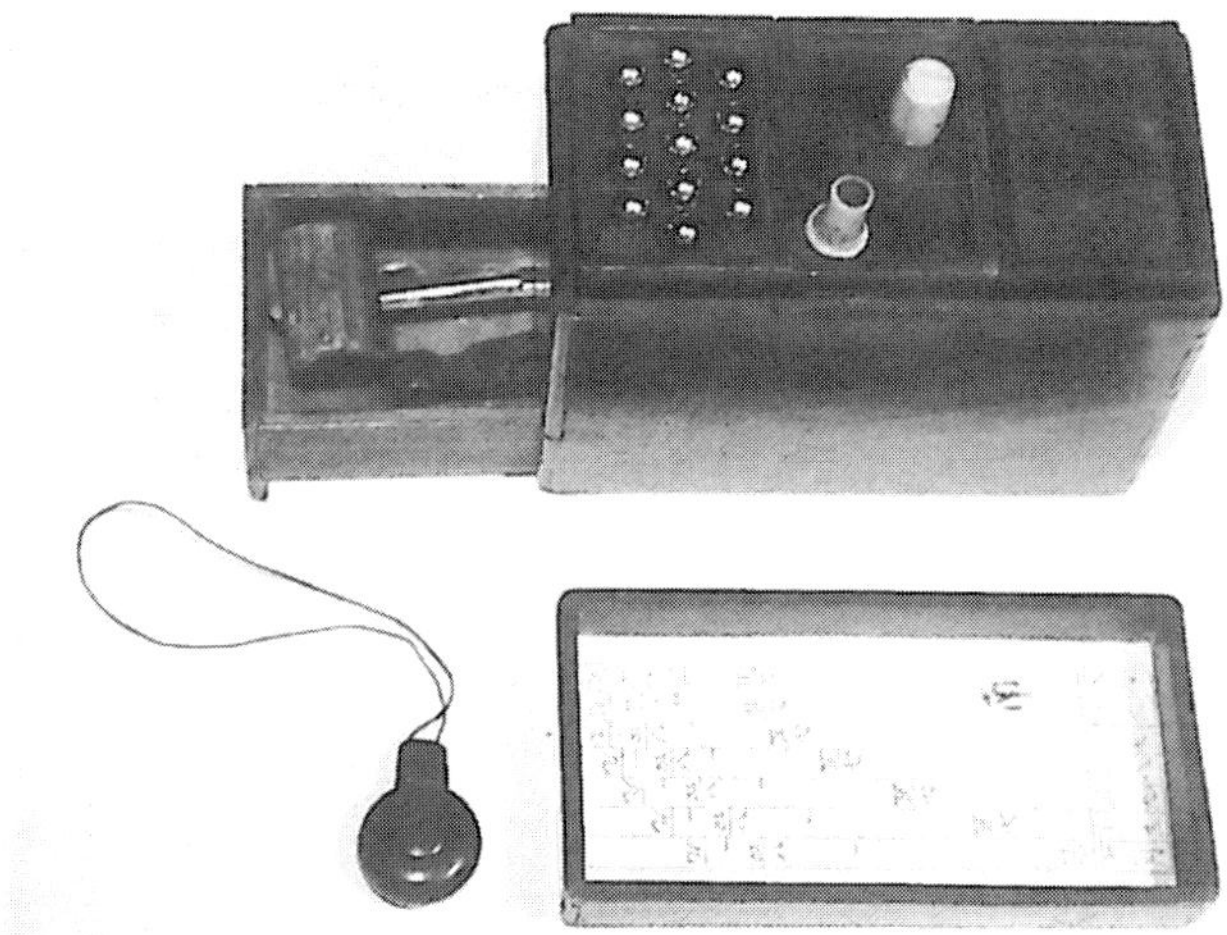

〔写真①〕日時計付鉄砲道具箱。砲術家が角場（射撃場）で使用する鉄砲道具箱の蓋に日時計がつけられている。太陽の方向に置くと蓋の縁の影が各月の時刻を示す

〔写真②〕日時計付矢立

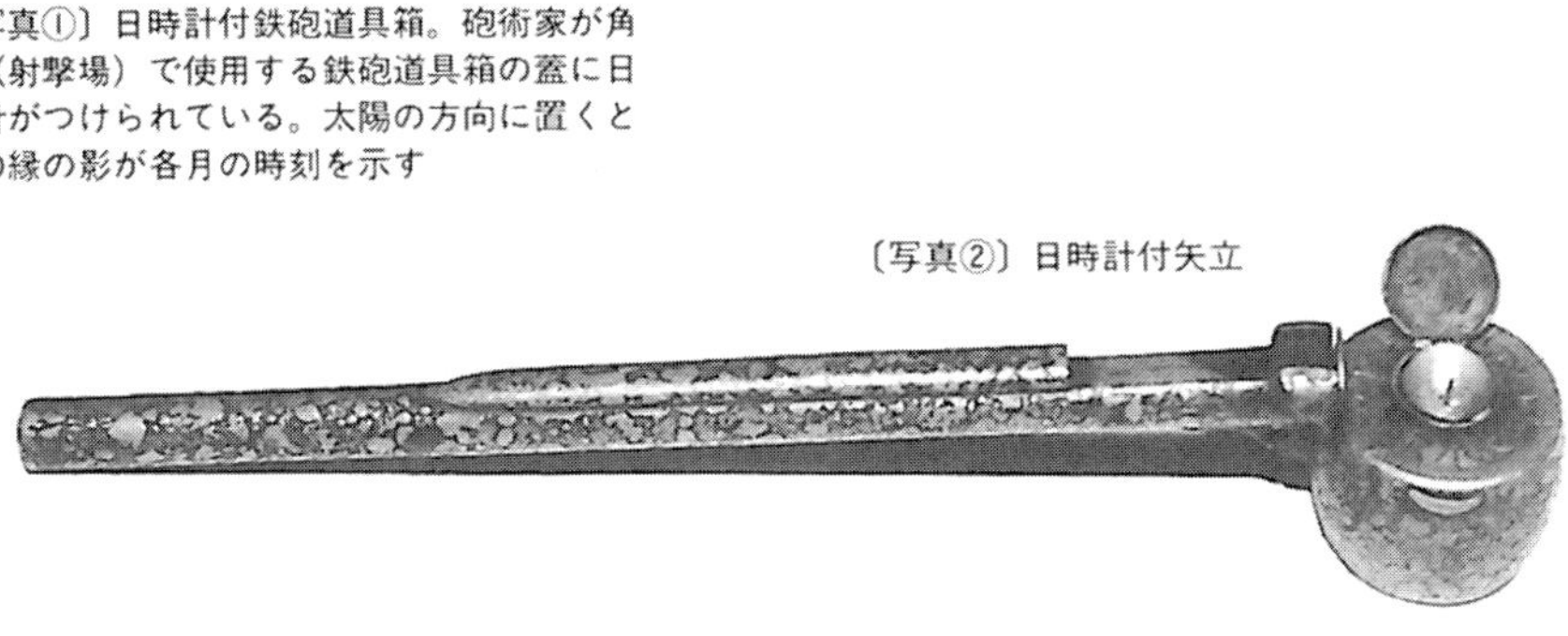

〔写真③〕根付式日時計

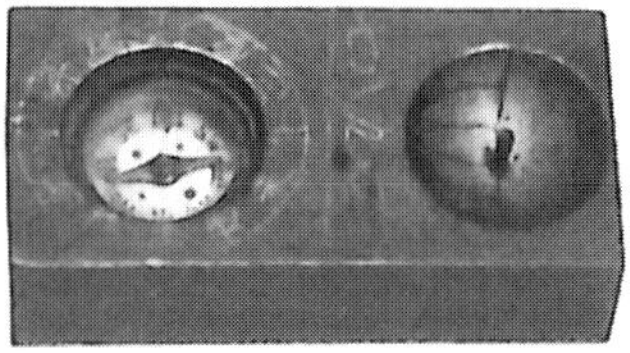

〔写真④〕象牙箱入銀製

上を展開した日時計

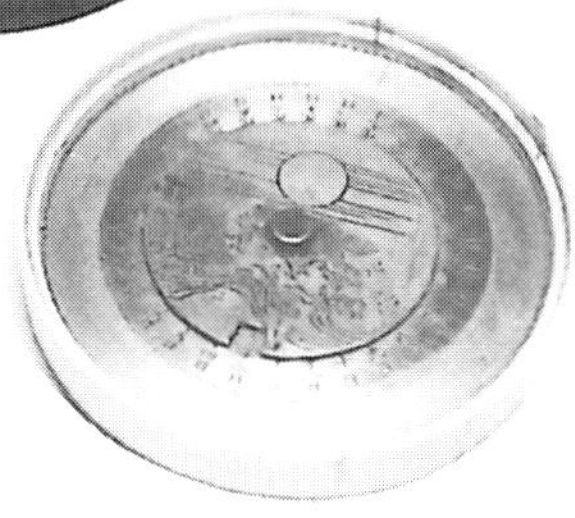

左と対の潮汐満干表

〔写真⑤〕３点とも蓋付携帯用

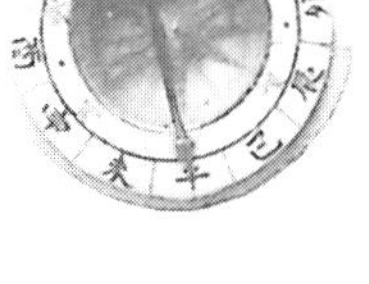

〔写真⑥〕根付式金属製

飾られています〔写真①②③④⑤⑥〕。

根付《ねつけ》のようにしたものが多いのですが、その形態や様式、意匠の多様さと共に相当数の製作がなされたと思われます。江戸時代、時が民衆に広く個人のものとして意識され利用されていたことは、数多く残されているこれら個人用時計ともいうべき携帯用小型日時計の存在でも立証することができます。江戸時代の日時計は性能的には小さく簡易で粗略でさえあり、実用的でないかに見えます。しかし発達した時鐘の制度とこの日時計の組み合わせを巧みに用いて、想像する以上の正確な時間観念と時刻測定を体得していたのです。このように多くの日本人は日時計にも親しみ利用していたのです。いやいや驚かれるかも知れませんが、すべての人が日時計を身体の一部にもっていました。

不定時法では「明け六ツ」に始まる朝から「暮れ六ツ」の夕までを昼間とします。これは現在の「日の出」「日の入」とは少し違います。それでは明け六ツ、暮れ六ツはどうして知り定めることができるのでしょうか。明け六ツを知るために人々は己《おの》が手のひら(手掌)を頭上にかざして見ます。太陽が東から現れる寸前に空は白み始め(いわゆる日の出ではなく天文薄明《てんもんはくめい》)、掌紋《しょうもん》がはっきりと見える瞬間を明け六ツと定め、太陽が西に沈んでやがて掌紋が見えなくなる瞬間を暮れ六ツとしたのです。これほどいい加減な計測はありません。南中(正午)が比較的正確に知ることができますのに、視力の良い人、悪い人、海辺に住む人、平野部や山間部、人家の密集する町中に住む人などがいて、快晴、曇天、雨天などの影響を受ける薄明を基準とするのですから。しかし、手掌紋(手相学でいう感情線、生命線など)という一種の日時計を不定時法時代の日本人は自分の身体にもっていたのです。老若男女、貧富の別もなくすべての人々が。

繰り返して申し上げますが不定時法を墨守したわが国こそ日時計が最も有用な国でした。この時計の中には太陽が南中したことだけを計る正午計があります〔写真⑦〕。

〔写真⑦〕正午計

不完全な日時計であっても、お天気さえ良ければ正午だけは正確に知ることができます。正午計の必要性は、決して昼食時間を知るためのものではなく、時鐘や機械時計を運用するための標準時となるのです。時鐘と日時計は互いに助け合って人々の生活時間を律するものですが、時鐘となったものは本来は梵鐘《ぼんしょう》と呼ばれる法具です。

梵鐘

梵鐘は「お寺の吊り鐘」と呼んだほうがよく知られていますが、仏教と共に伝来したもので本来は宗教目的の用途で存在したものです。したがって仏教伝来の飛鳥時代には中国製梵鐘も同時に伝来したものと思われます。日本製梵鐘は奈良朝の作品が確認されていますが、平安、鎌倉時代にいたって日本独自の美しい姿を見せる和鐘が完成されます。梵鐘の日本化です。和鐘の音、鐘鳴もまた大陸製梵鐘に比して優れています。梵鐘は当然、宗教的行事の号令の報知や鐘を撞《つ》くこと、鐘鳴を聞くことの宗教的功徳、衆生の済度《さいど》など法器として使用されたのですが、戦時には軍鐘として、災害時には警鐘として、そして日常には時鐘としても用いられるようになります。

奈良時代から室町時代末期までにおよそ二万口（鐘一個は一口と数える）の梵鐘が全国に散在したと推定されます。わが国の梵鐘鋳造能力は質量共に向上し、江戸時代中期には世界最大の純銅産出国となったこともあって、その生産数は他の仏教国を圧倒し、江戸時代だけでも三万口以上の梵鐘が鋳造されています（注②）。

このように他国に例を見ない大量の梵鐘が製作されて日本全国の町や村々に広く分布し、時報としても殷々《いんいん》と鳴り響いていたのです（写真⑧）。

このことを証するかのごとく江戸時代に使用された紙製の携帯用日時計の但《ただし》文句にも「旅行または船路などにて、時の鐘聞こえざるときに手軽く時を知る至宝なり」と

（写真⑧）大坂町中時報鐘。梵鐘は宗教目的で製作されるが、これは寛永十一年、徳川三代将軍家光が大坂三郷の地子銀を永代免除した記念に、郷民が感謝を込めて時鐘として製作したものである。大阪市中央区釣鐘町に現存

（注②）坪井良平著「日本の梵鐘」

書かれています〔図①〕。

これは人家のない山道や陸を離れた海上などでは時鐘を聞くことができないために、この日時計を用いるということで、時鐘がいかに人々の生活に密着していたかを物語るものです。日本の日時計は複雑なものは少なく、その原姿はヨーロッパにあり、その形式が中国大陸を経由して渡来したと見るべきです。しかし時刻表示は不定時法によるわが国独特のものであり、工芸的にも日本製日時計として和時計と呼ばねばなりません。

ドン日時計（陽と火）

陽光を光学的に変化させ熱エネルギーとし、時報を告げる日時計に「ドン」があります。キャノンダイヤルと呼ばれるもので、正午になると南中した太陽光線がレンズを通過して焦点を結び、小さな大砲の火薬に点火して轟音を発するものです。

鉄砲と時計の合体――。キャノンダイヤルはまさにその象徴的構造といえましょう。陽から火へ、自然から人工への転換でもあります〔口絵八頁〕。

火を人類が自由に手中にすることができるようになったのはいつの頃からでしょうか。火は紅蓮《ぐれん》の炎となって万物を焼き尽くす恐ろしさもありますが、人肌を暖め、照

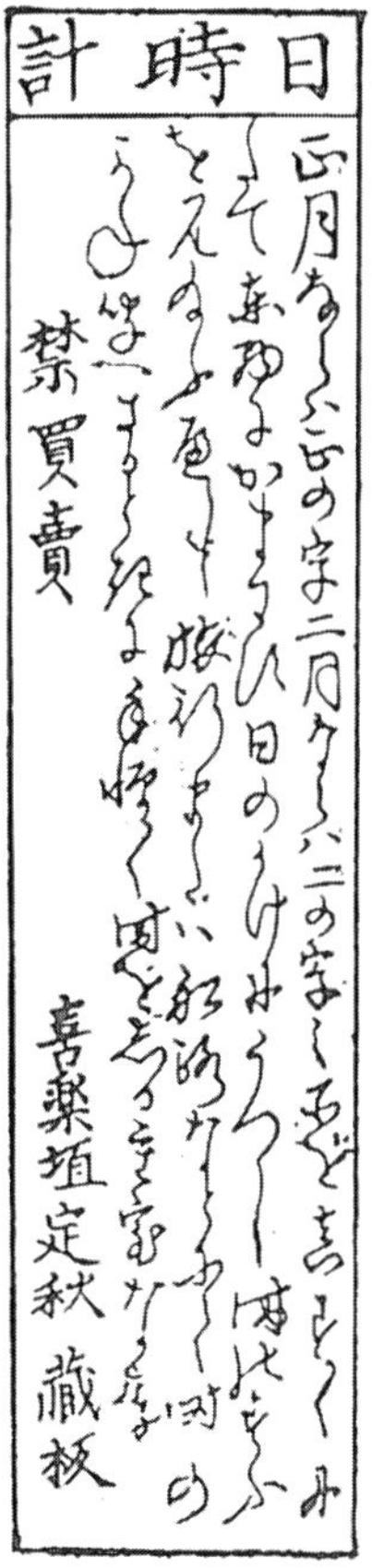

読み方　正月ならば正の字、二月ならば二の字の所を真すぐにたて東西にかまわず日のかげにうつし時のすふを見給うべし。旅行または船路などにて時のかね聞へざるときに手軽く時を知る至宝なり

〔図①〕和紙製の携帯用日時計の解説書。文面から、江戸時代の梵鐘が日本全国で時報として鳴り響いていたことがうかがえる

光となって周囲を明るくもします。火によって加熱された食物が、どれほど人類の食生活を豊かにしたことでしょう。そしてその文明の火が時刻をも私たちに示してくれたのです。

火時計

十五世紀、ヨーロッパにおいて最初に完成された小銃である鉄砲は天文十二年（一五四三）にわが国に伝来しました。それは発射のために火縄を用いる火縄式銃砲、いわゆる火縄銃でした。

火縄銃に必要な火縄は竹や檜《ひのき》、あるいは木綿《もめん》などの植物性繊維に少量の硝石《しょうせき》を沁み込ませて乾燥させたものです（写真⑥）。

いつでも即座に火縄銃を発射するためには、火縄の先端に火を点火して終日火を絶やすことができません。燃焼して消耗される火縄の長さは一日分として約三尋《みひろ》（約五・五メートル）とされています。そのため銃手たちは一日分三尋の長さの火縄を輪にして携行しました。こうして、ひとたび点火された火縄は、期せずして一日という時間を計る尺度ともなったのです。

このように物の燃焼速度で時刻を知るものに「香《こう》時計」があります。現在も奈良の東大寺二月堂で毎年おこなわれる修二会の「お水取り」の行事には時香盤《じこうばん》が使用されています。これは抹香《まっこう》を枠を用いて灰の上に線を描き、端から点火するもので一定の所に時刻札を立てて、燃焼速度で時刻を知るものです。梵鐘と同様に仏教伝来と共に中国大陸から渡来したもので、宗教的な法具であり、二月堂の行事も奈良時代に始まっています。

こうして香時計は古くから寺院で使用され、想像以上に正確な火時計として実用されました。大寺院では高価な機械式時計と

〔写真⑨〕各種火縄（植物繊維）。左／木綿製紺染軍用火縄。中／竹製猟師用火縄。右／檜製砲術用火縄

共に併用され、機械時計のない寺院では安価な時香盤火時計だけで時鐘の標準時としたのです。

寺院だけではなく一般家庭の仏間においても、香を絶やさぬために使用され「常香《じょうこう》盤《ばん》」とも呼ばれていますが、宗教目的の強い火時計でした〔写真⑩〕。

香時計にはもっと単純で軽便な線香時計

〔写真⑩〕家庭用時香盤

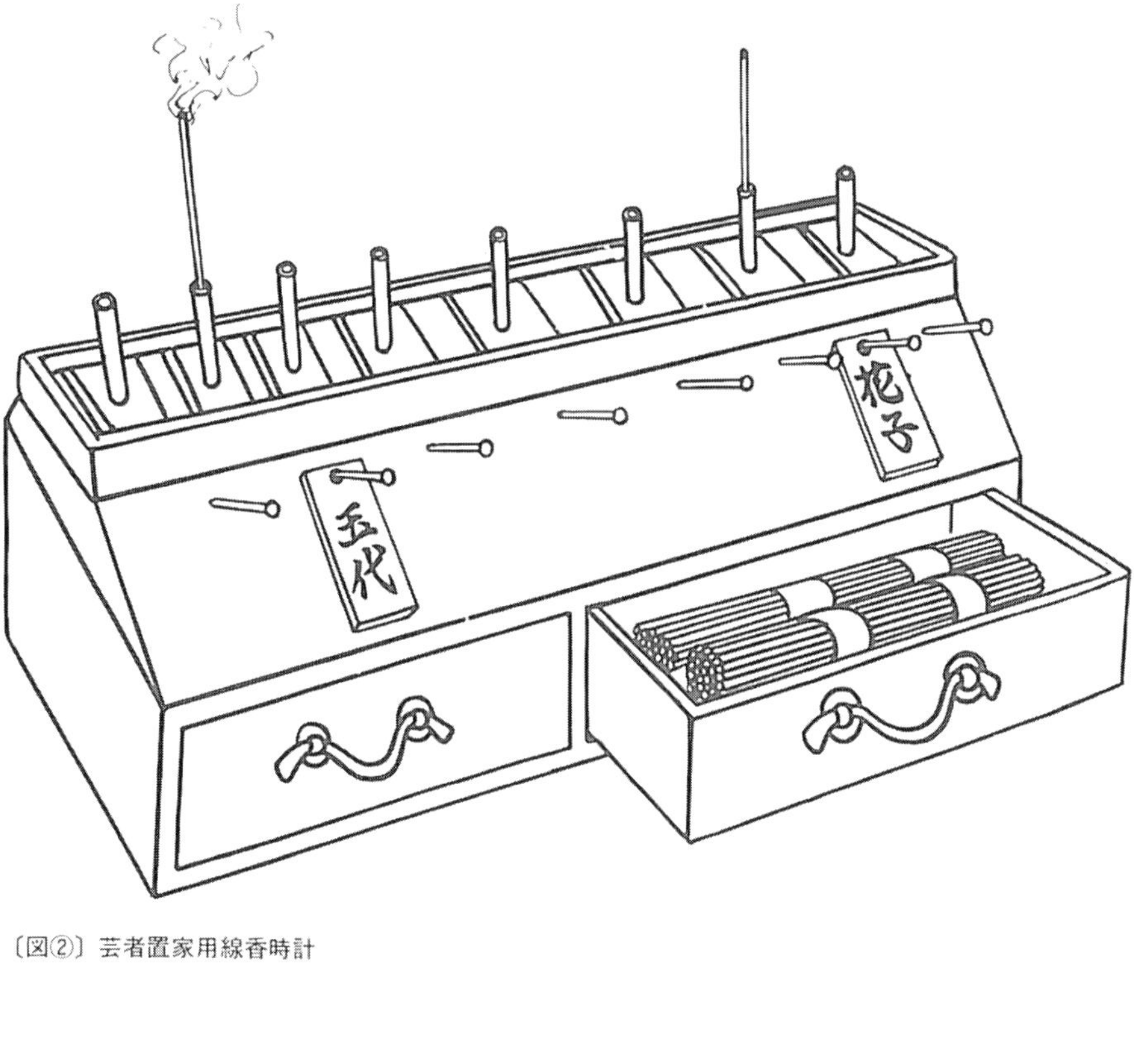

〔図②〕芸者置家用線香時計

があります。これは宗教目的を離れて、主に花柳界で用いられました。芸者や遊女への報酬を線香代ともいいますが、これは彼女たちが席をつとめる時間を一本の線香で計ったためです〔図②〕。

水田に引く水を割り当てるために、田の畔《あぜ》道に線香を立て厳密に時間を計ることもあります。時には死者さえも出た農民たちの水争いの解決法でもありましたが、燃え尽きる線香を見守る百姓たちの目には険しいものがあったはずです。

線香の代わりに照明具である蠟燭《ろうそく》に目盛りをつけ、火時計としたものがあります。

太陽光による日時計は雨天の日や夜間には役立ちませんが、蠟燭時計はそれを補うものです〔写真⑪〕。

不定時法社会は照明具が不充分であったことにも起因しています。恐ろしい夜行性の野獣の群れが横行した古い時代には、人々はただひたすらに暗闇の中でおののきながら眠る以外にすべはありませんでした。

照明具の発達が次なる定時法社会への一段階ともいえるのですが、灯りと時計の兼用はヨーロッパではランプ時計にまで発達しています。香時計も蠟燭時計も中国大陸から伝わったものです。しかし時刻の目盛りがわが国の用いた不定時法によって刻まれて国産化されれば、それはもはや和時計なのです。

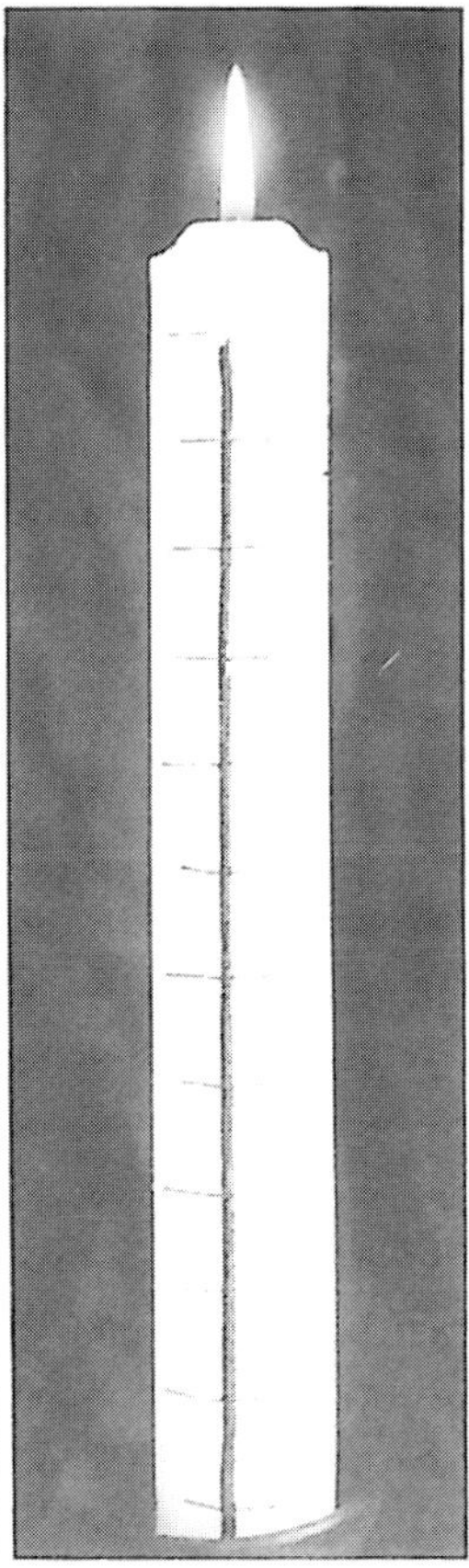

〔写真⑪〕蠟燭時計。室内で用いる照明具であるが、昼用と夜用と月別で目盛りが異なるため、十数種類の本数が必要である

Ⅷ

授時简から生まれた尺時計

理学は天象に基づく。大宇宙の天体そのものが壮大なる時計であった時代。天文時計の世界をわずか一尺の身体で懸命に覗き込もうとする者がいた。

江戸時代の天文学

鉄砲の伝来した一五四三年、この年はヨーロッパ文明との直接的な最初の出会いとして記念すべき年です。同時に、ヨーロッパではコペルニクスの天文書やベザリウスの解剖書が刊行された年でもありました。天体という大宇宙、人体という小宇宙が全く同時に解明されたというヨーロッパの科学文明においても記念すべき年でした。特に天体の動きは暦日暦年という人々の実生活には必須の時間の集積であり、これを観測することが暦作りの基本です。

ヨーロッパの文化の源流であるギリシャでも、中国やインドでも宇宙や天体に対する思想は暦学として古くから発生し、天文学として発達していきます。しかし宗教と科学の対立という図式から、ヨーロッパ天文学においてガリレオの地動説はローマ法王庁によって弾圧され、「それでも地球は動いている」とガリレオがつぶやく宗教裁判のことはよく知られています。インドに源をもつ仏教の宇宙観は、須弥山《しゅみせん》説にも象微されるように天動説を固持するものでした。このように宗教が介入して誤れる天文学が存在したことは洋の東西に共通しています。

天文学ではまず直視できる天体の観測が必要ですが、そのために種々の天測器具が開発されました。望遠鏡、方位磁石、角度計などを基幹として、あるいはこれらを組み合わせてさまざまな天体観測機器が製作されました。しかし、こうした観測機器の使用には同時に時間の経過の計測も必要でした。より正確な時計も天体観測器具であったのです。

江戸時代のわが国の天文学は非科学的な東洋の暦日の誤りを正す目的で発達しました。したがって幼稚な暦学の範囲を出なかったことは事実です。江戸時代の有名な銃工や銃砲研究者が天文地理学を学び、あるいは観測、測量器具を製作し、天文学者であった例が少なくありません。長崎出身の吉雄常三《よしおじょうさん》、江州國友《くにとも》の藤兵衛《とうべえ》一貫斉《いっかんさい》、讃州高松藩士・久米通賢《くめつうけん》、カラクリ儀右衛門《ぎうえもん》こと田中久重《たなかひさしげ》、すべて天体の神秘な真理に直接触れることのできた人々でした。そして銃砲史上にも不朽の功績を残した人々であったのです。

吉雄常三南皐《なんこう》（一七八七〜一八四三）

尾州藩の藩医でもあった吉雄常三は雷汞《らいこう》（雷酸第二水銀Hg〈ONC〉2）および雷管式鉄砲の研究をおこない、天保十三年（一八四二）『粉砲考《ふんぽうこう》』として著しました。〔図①〕。尾張藩は粉砲を「あまり神速の術に過ぎて撃手《うちて》の誤りあらん」ことを恐れ『粉砲考』の刊行を発禁したのです。藩の危惧した通り常三は天保十四年九月、雷汞の実験中に雷汞が暴発して死亡し、わが国の化学史、銃砲史上の貴い学術研究の犠牲者となりました。常三は長崎大通詞の家系に生れ、医学、兵学、天文学、語学などを

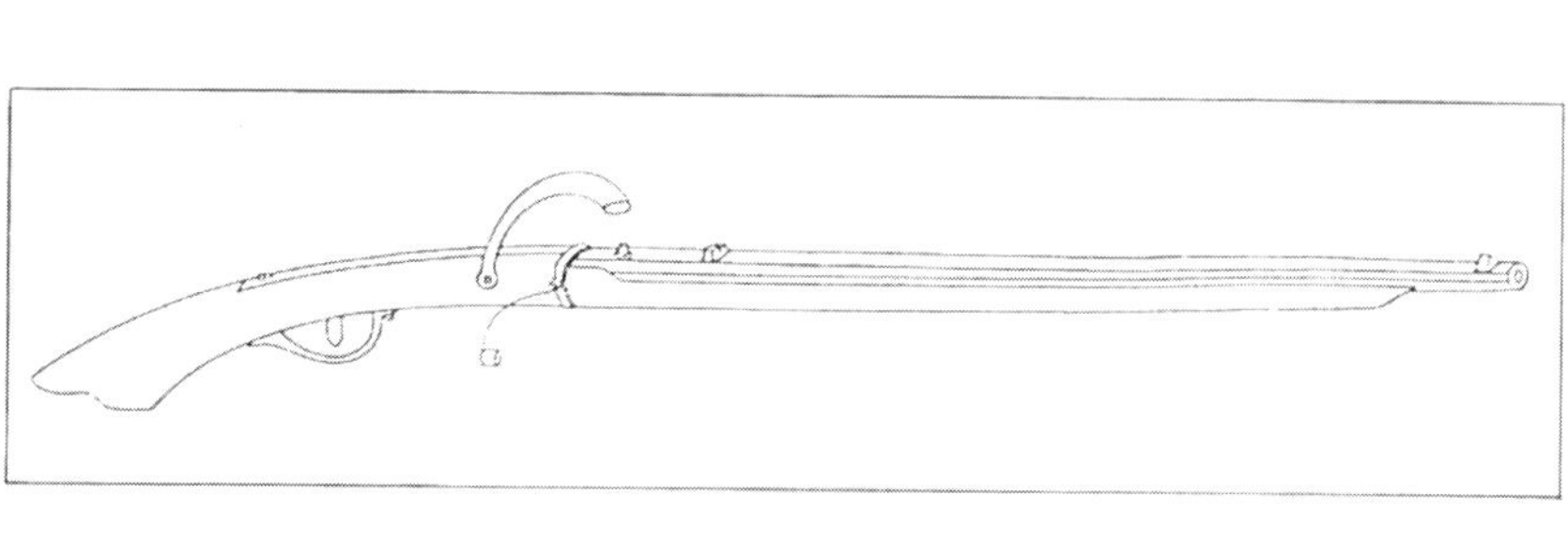

〔図①〕粉砲立体図

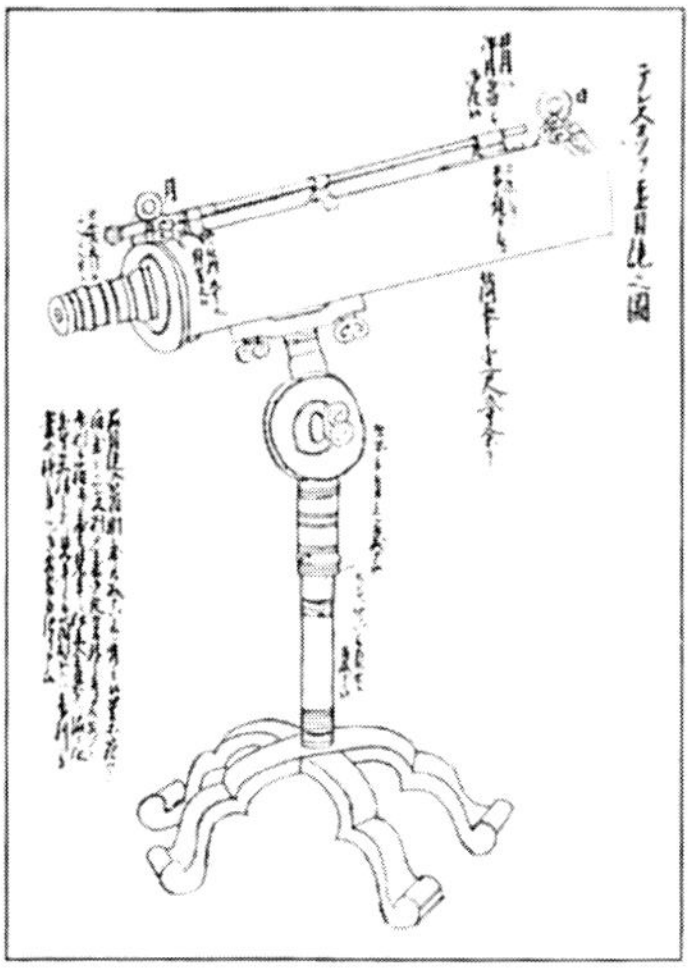
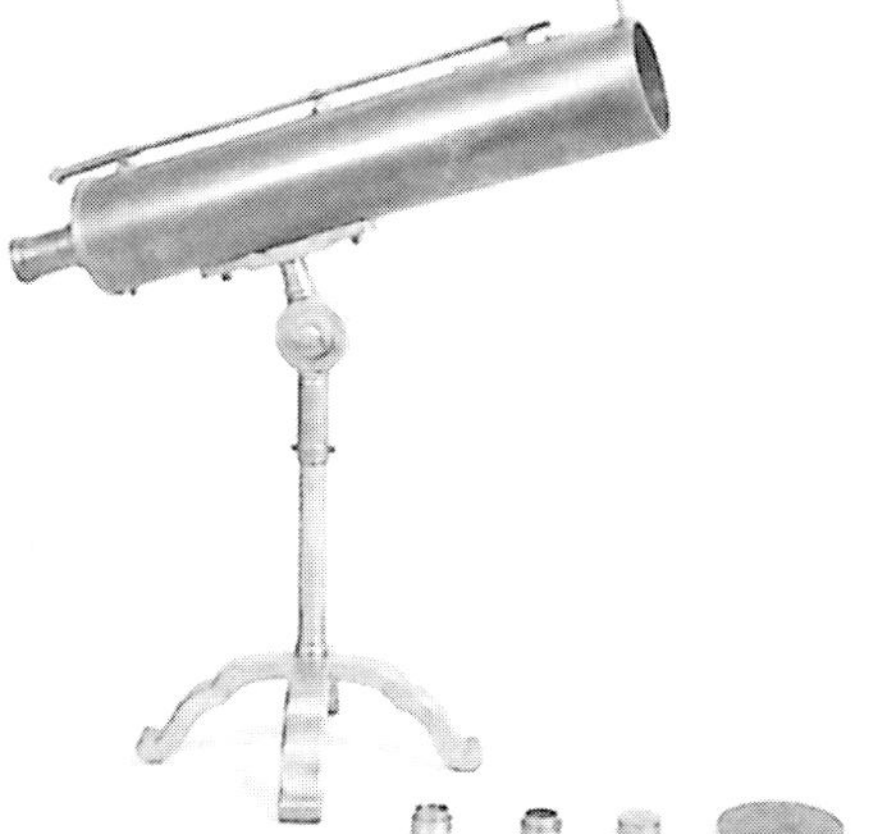

〔写真①〕テレスコップ遠目鏡。優れた性能を発揮した倍率五十倍の反射望遠鏡で、発明家としても名をなした國友の鉄砲鍛冶、一貫斉の作品である

網羅する蘭学者であり、天文学者としても卓越していました。常三は著書『観象図《かんしょうず》説《せつ》』の中で太陽と月の運行の理を述べ「百般の技芸事業は究理学を離れず、理学は天象に基づく。故にこの図説を理学入式の書となす」と力説しています。天文書として他に『西説観象経』があります。

國友藤兵衛重恭《じゅうきょう》（一七七八～一八四〇）

國友藤兵衛は能当《のうとう》とも称し一貫斉とも号しました。有名な江州の銃工集住地であった國友村の鍛冶年寄脇の家に生れ、銃工としても発明家としても名をなしました。天保四年にオランダ渡りの望遠鏡を見本とし、倍率五十倍の国産天体望遠鏡を完成したのです〔写真①〕。オランダ製よりも価格は安く、性能も優れており、一貫斉は自作の望遠鏡で十五カ月も連続して一日二回、太陽の黒点を観測し記録に留《とど》めました。望遠鏡の試作にあたっては、当然月や他の恒星をも観測することになるのですが、その観測図も記録されています。何よりも観測にあたっては、時刻を克明に表示していることが天体観測と時計の密接な関係を如実に物語っています。

久米栄左衛門《えいざえもん》通賢（一七八〇～一八四一）

久米通賢は讃州引田浦《ひけたうら》の船夫の子で、十九歳の頃、大坂の天文学者・間重富《はざましげとみ》の門に入り数年を過ごしました。生来器用であった通賢は間家のために測量器具などを製作しています。帰郷した通賢は高松藩に仕え、天文学を生かして讃岐国の地図の作成、塩田開発などの土木工事に成功しています。通賢自作の測量器具は、現在も香川県坂出《さかいで》市の鎌田郷土博物館に保存されています。発明家であった通賢は、ロシアの侵略意図を見抜き、国防意識に燃えて数多くの銃器を開発し製作しました。わが国銃砲史上、貴重なる通賢の一連の火器作品は現存して保管されています。通賢が開発した、あまりにも見事な最新鋭の鉄砲の数々を見る時、銃砲の科学が天文地理学という当時最高の学問と渾然一体となり高いレベルを有していたことを痛感せざるを得ません。

田中儀右衛門久重（一七九九～一八八一）

田中久重は九州久留米《くるめ》のベッコウ細工師の長男として生れ育ちました。生来器用であるのは家業の細工技術を身につけたためです。二十五歳の時、家業を弟に譲り、大坂、京都と居を変えてさまざまな製品を開発・発明して製作しました。京都では天文暦学の土御門家に学び、御所の御用時計師となって近江大掾《おうみだいじょう》の官名を受領しています。空気銃の技術を転用して「無尽燈《むじんとう》」を発明したり、蒸気機関車の模型を作り、蒸気銃を嘉永六年（一八五三）に作っています。佐賀藩に請われて製錬方となり大砲の製造などにも関係しました。七十六歳の時、東京銀座の中心で「田中製作所」を開設し、それが東京芝浦電気会社へと発展して今日の大東芝の創始者となったのです。久重は嘉永三年から翌年にかけて「萬歳自鳴鐘」と久重が名づけた置時計を作りました〔写真②〕。文字盤は六面からなり、洋式と和式の時刻文字盤、二十四節、七曜、十干《かん》十二支、日付表示などがされています。一度ぜんまいを捲くと二百五十日間も動くことから「万年時計」とも呼ばれています。この万年時計の上部には、太陽と月が日本地図の上を東から西に運動するプラネタリウムが組み込まれています。久重はこの他にも須弥山儀《しゅみせんぎ》や視実等象儀《しじっとうしょうぎ》なども製作しました。

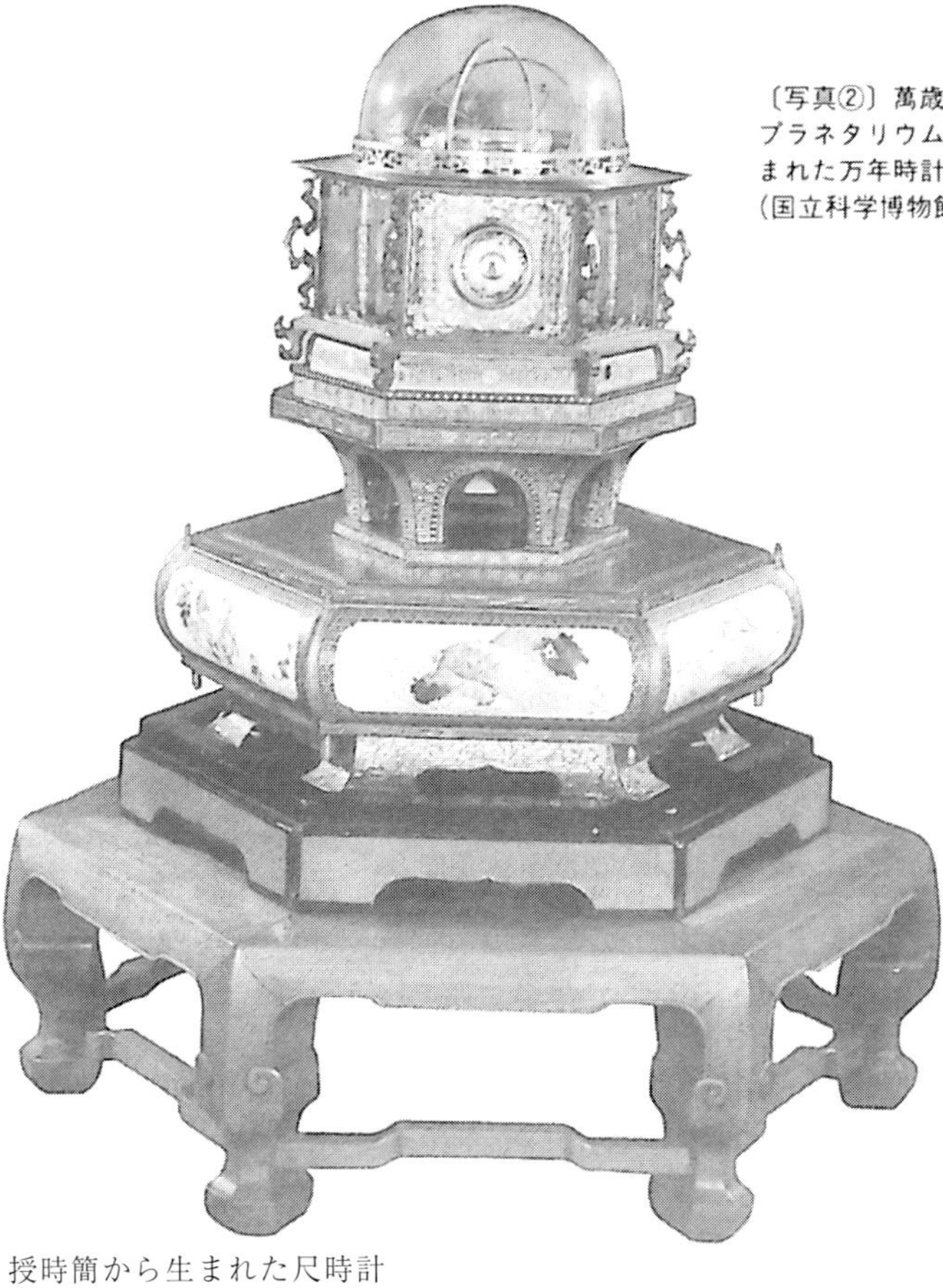

〔写真②〕萬歳自鳴鐘。プラネタリウムが組み込まれた万年時計である（国立科学博物館蔵）

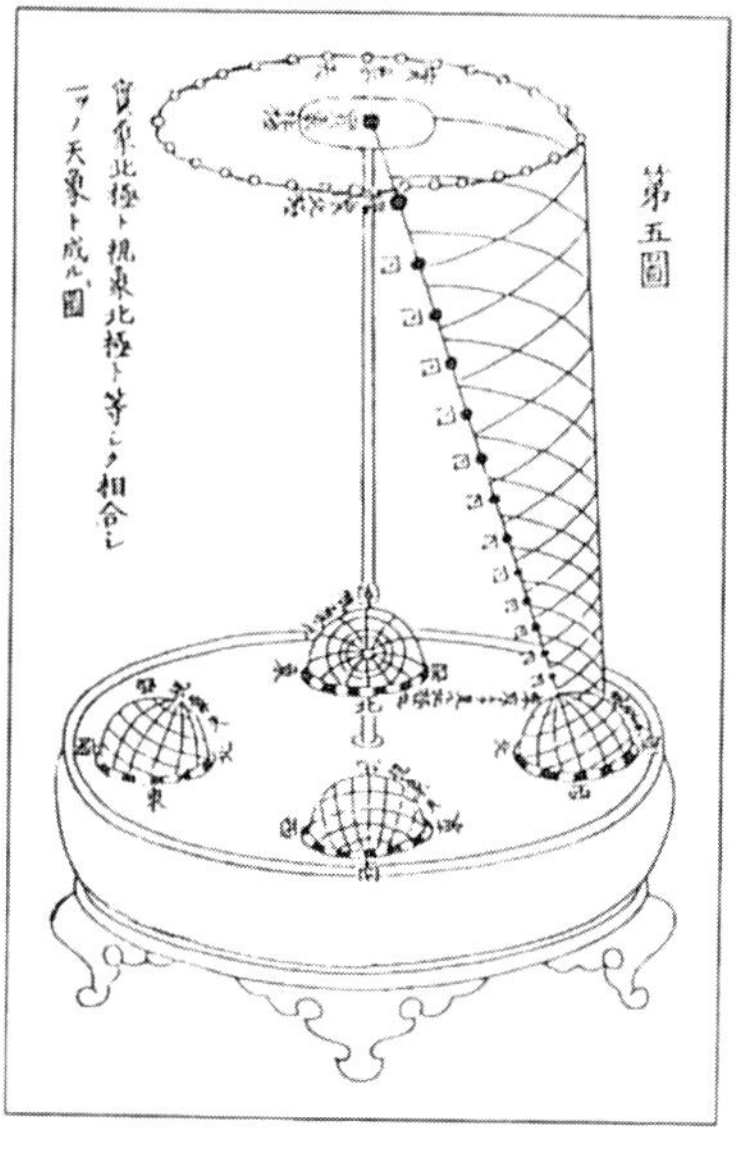

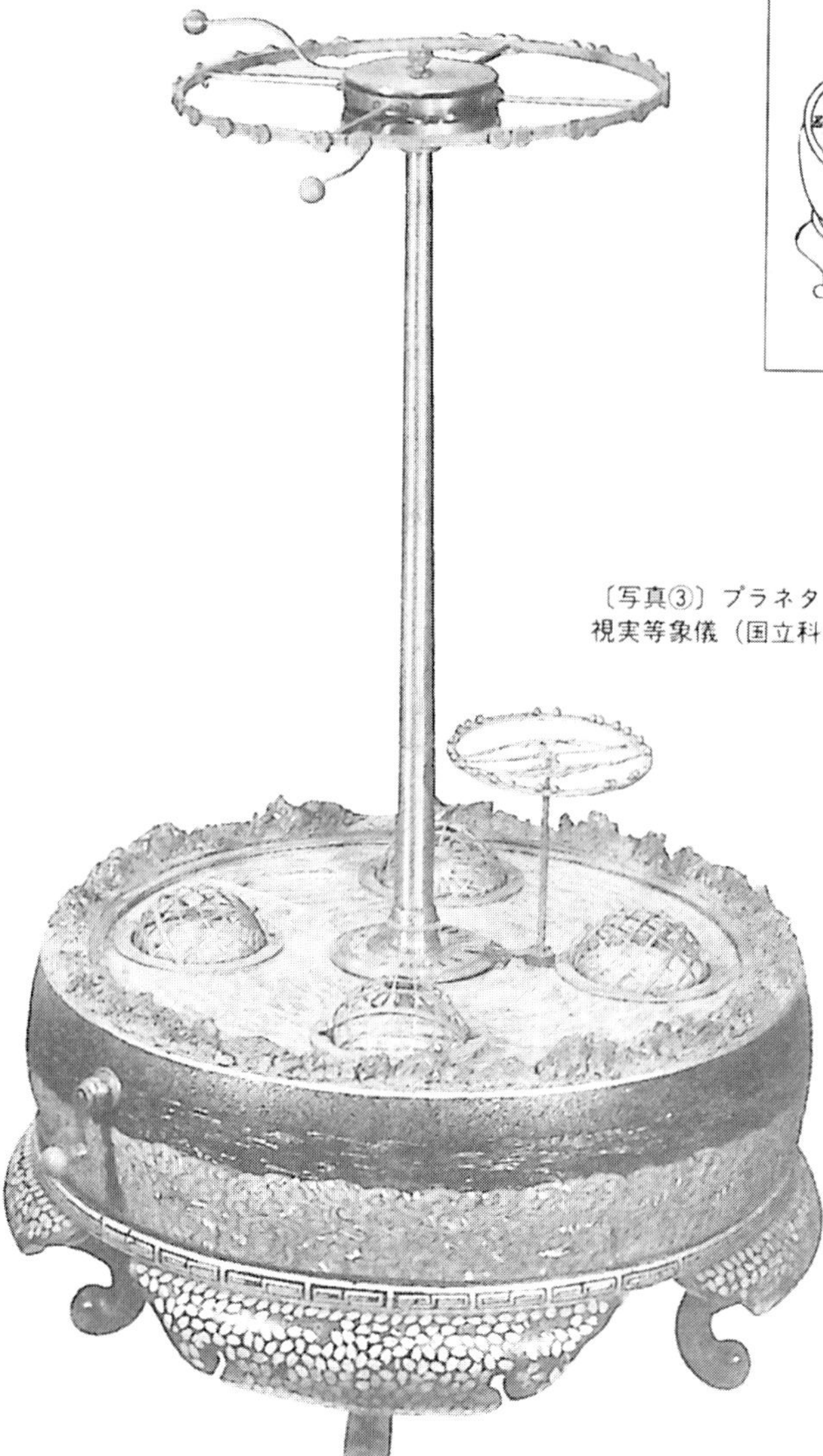

〔写真③〕プラネタリウム時計である
視実等象儀（国立科学博物館蔵）

天文時計

天文時計と呼ばれる和時計にはいくつかの種類があり、それぞれ使用目的が違っています。天体観測をおこなう計時器としての時計や、時刻のみではなく十干十二支、二十四節、七曜までも示すカレンダー時計。太陽や月、他の恒星の動きを見せるプラネタリウム時計など天文時計と呼ばれるものです〔写真③④〕。

天体の運行、特に日蝕や月蝕の観測などには和時計の不定時法では対応できません。そのために「百刻時計《ひゃっこく》」というものが採用されたことがあります。これは「授時簡《じゅじかん》」と呼ばれる調速機械で、鐘も時刻板もなく、単に下降する重錘《おもり》が百刻みの線上を移動するだけの計時器なのです〔図②③〕。棒天《てん》符《ぶ》と冠形脱進機の組み合わせですから不定時法における和時計と同様に精度は良くあ

〔写真④〕須弥山儀。コペルニクスの地動説を打破するために作られたもの（和歌山市古屋・正立寺蔵）

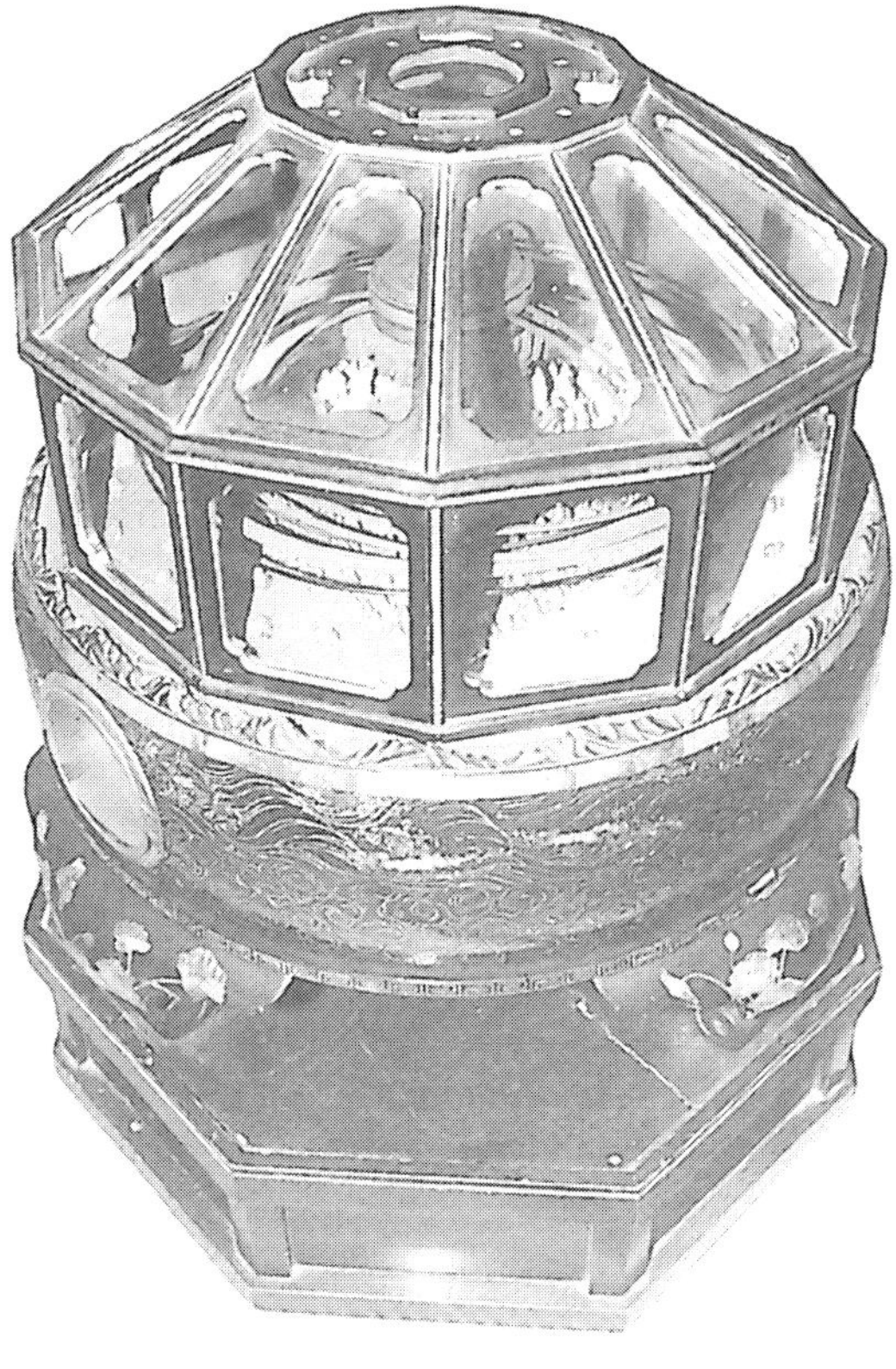

●須弥世界と仏教天文学

インドに始まる仏教の宇宙観では、世界の中央に須弥山がそびえ立ち、その周囲に七山七海があるとします。しかし、もちろん地球が丸いのはご承知の通りです。仏教天文学は天動説をとるため、コペルニクスの地動説を邪教としました。紀州古屋村の正立寺住職、中谷桑南は仏教天文学者として科学的に地動説を打破するため、堺の鍛冶に「須弥山儀」を作らせたのです。完成した須弥山儀は太陽、月、星の運行、昼夜の別、四季の変化、月の満ち欠け、潮の干満、日・月食などを示し、胴部には和時計がつけられています。四キログラムの重錘で二百数十個の部品が作動し、正確に天体の運行を示したのです。桑南はこの須弥山儀を各地に運び、多くの人々に仏教天文学の正しさを問いてまわりました。この絢爛華麗なるプラネタリウム時計は、仏具としてその最高の能力を発揮したのです。

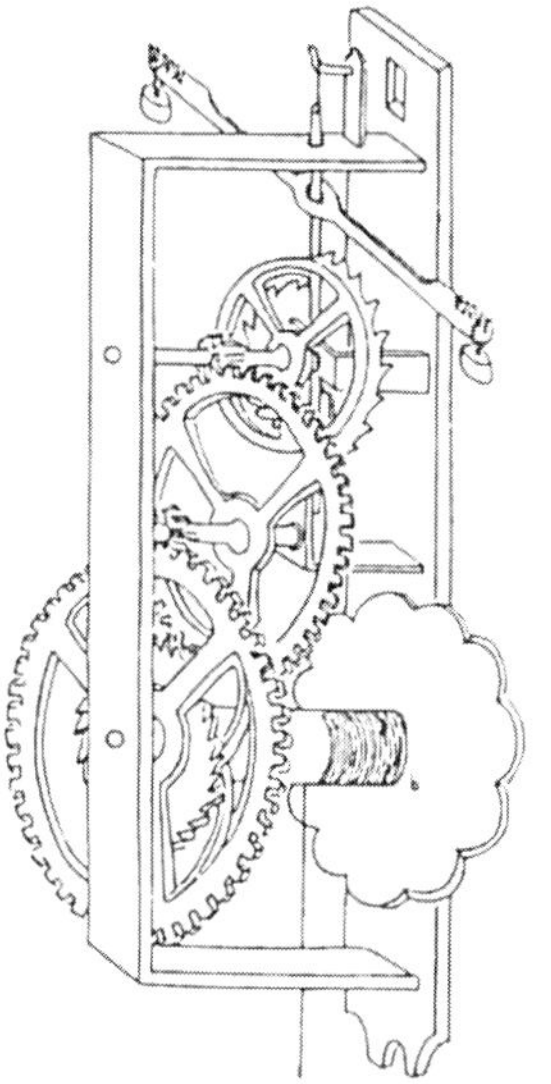

〔図②〕授時簡機械部

りませんでした。それでも一昼夜を百刻みに分割して時間経過を計測しつつ、天体観測を遂行することは不定時法時計では期待できないことでした。この初期的な天体観測用天文時計とも称すべき授時簡、あるいは百刻時計と呼ばれる計時器によく似た和時計があります。それは、わが国独特の簡易機械時計といわれ、江戸時代後期に出現した「尺《しゃく》時計」です。

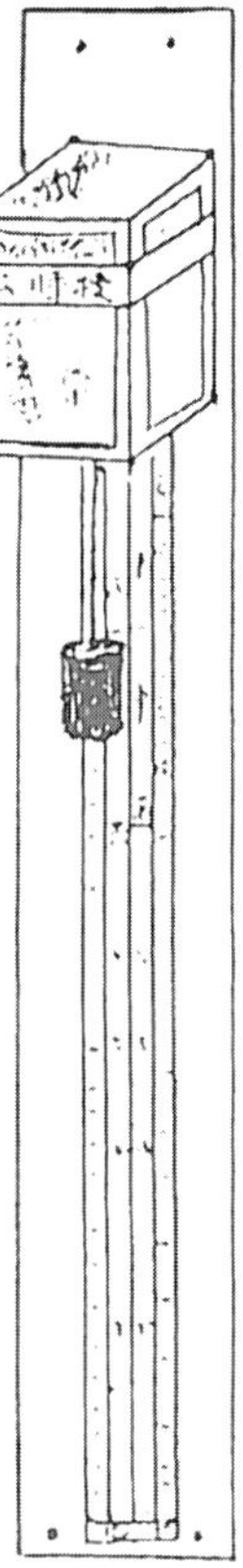

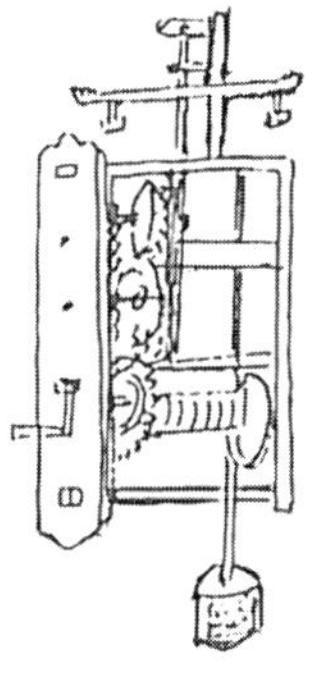

〔図③〕百刻時計「授時公」。重錘が百分割された板目盛を下降するという計時器

尺時計

全長が三十センチから四十センチほどの大きさで、桑や柿、紫檀《したん》などを素材とした木製の細長い箱形の柱時計があります。上

方には簡単な械機部があり、動力となる重錘に示針がついていて、下降しながら割駒式の時刻板を指示してゆくものです〔写真⑤〕。この可憐な時計はそのサイズから尺時計（一尺は三十三センチ）と呼ばれましたが、外国には類似のものがないため、わが国独特の時計として珍重されています。一挺天符や二挺天符の台時計や掛時計に比

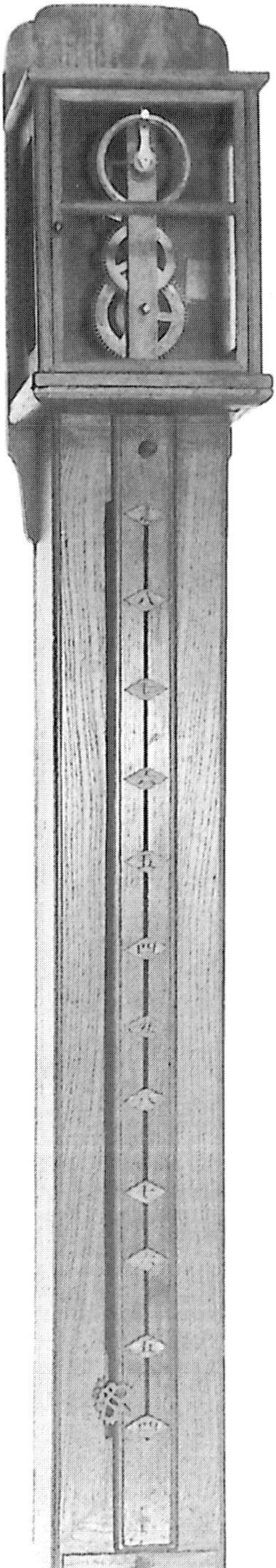

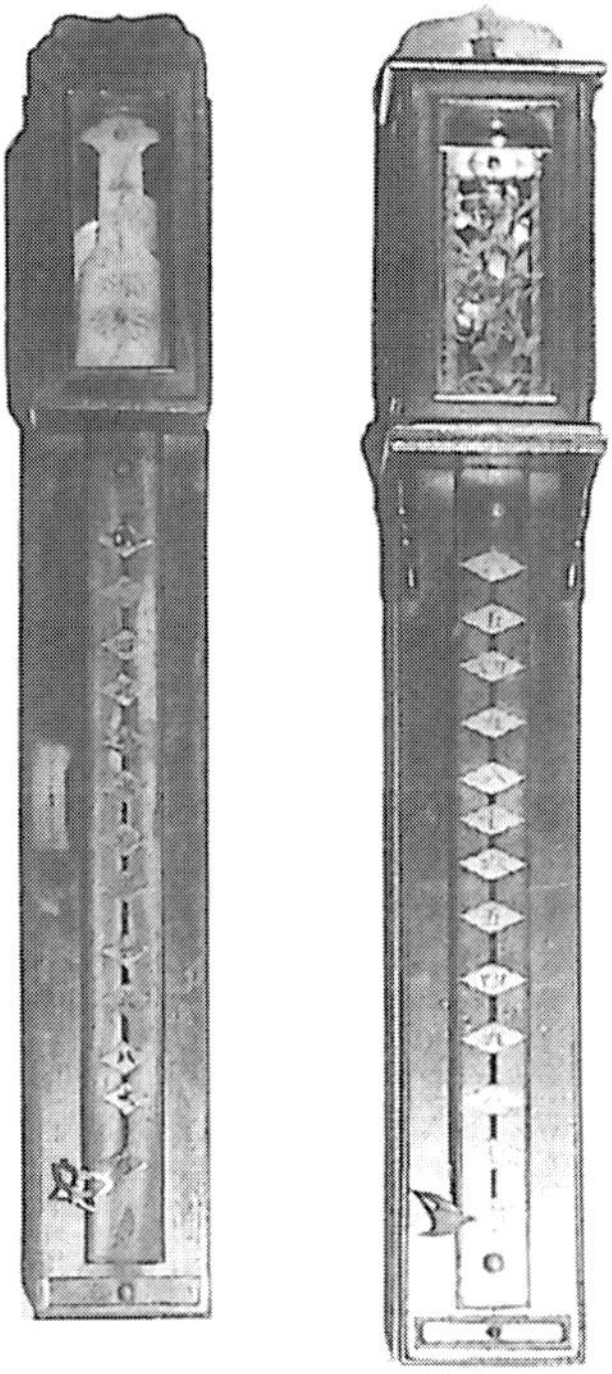

〔写真⑤〕大小尺時計（澤田コレクション）

して安価に製造できるために、少し財力のある上級の庶民層にも購入可能であったようです。

尺時計が数多く出現するのは江戸後期でありますが、初期のものはごくわずかに棒天符が使用され、ほとんどは髭《ひげ》ぜんまいを使った円天符が利用されています。希には振子式もあり、全長が六十センチから百二十センチにおよぶ大型のものもあります。これも二尺時計であり四尺時計なのですから尺時計には違いないでしょう。ガンギ車（行司輪《ぎょうじわ》）と大輪・中輪というシンプルな輪列は授時筒と同じです〔写真⑥〕。百刻時計と同様に重錘が下降しますが、文字盤は

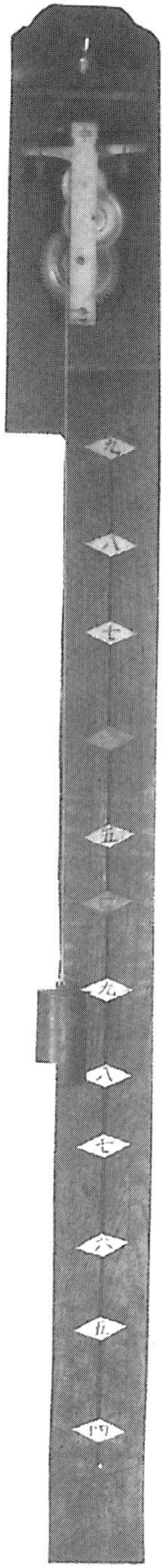

〔写真⑥〕棒天符初期型尺時計（国立科学博物館蔵）

〔写真⑦〕百刻目盛付十二辰刻割駒文字盤

十二辰刻式で通常九から四の数字の割駒が使用され、自由に移動させることができます。重錘に差し込まれた示針が下降しながら時刻を指示していきますが、重錘に刻打《ときうち》機構が組み込まれ半刻ごとに鐘を打つものもあります。また節季《せっき》ごとに文字盤を変換するものや、グラフ線にすることで対応したものもあります。

大型尺時計の文字盤には十二辰刻の割駒と百刻分割表を有したものがあり、日常生活にも天文用にも使用でき、大型にすることで目盛りを詳細に読み取ることが容易です〔写真⑦〕。

尺時計がいつの頃から出現したものかは定かではありませんが、天文時計である百刻時計「授時簡」から生まれたものなのです。

しかし現実に尺時計は天文時計でもあり得たのです。そしてその命脈は明治5（一八七二）年の改暦まで待つことができました。

それに比して授時筒は天文専用時計としては失格者でした。したがって一流の天文学者は，次なる良質の天文時計を渇望したのです。

垂揺球儀

垂揺球儀《すいようきゅうぎ》とは垂揺球、すなわち振子の等時性を利用した一種の計時カウンターです〔図④〕。大坂の天文学者、間重富と京都の時計師、戸田《とだ》東三郎忠行《とうざぶろうただゆき》によって寛政の初め頃に開発されたわが国独自の振子式天文時計です〔写真⑧〕。現在、戸田東三郎初作の作品と寛政八年（一七九六）の作品、同じく京都の時計師、大野規行が文政八年（一八二五）に製作した一台、金沢の時計師与右衛門の作品一台と計四基が国内で確認されており、米国に流出した二台がロッ

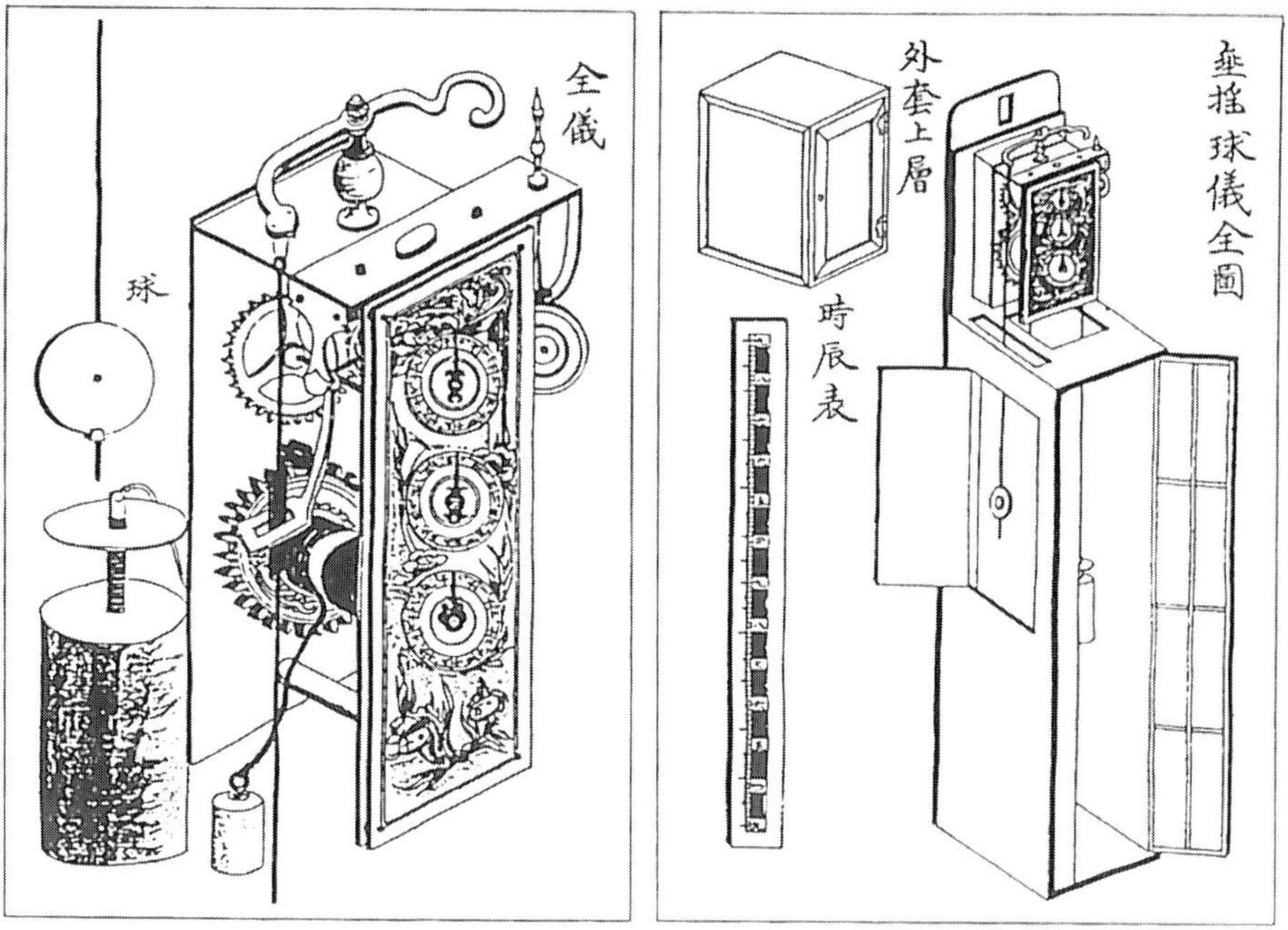

〔図④〕1583年、ガリレオ・ガリレイは「振り子運動の等時性」を発表した

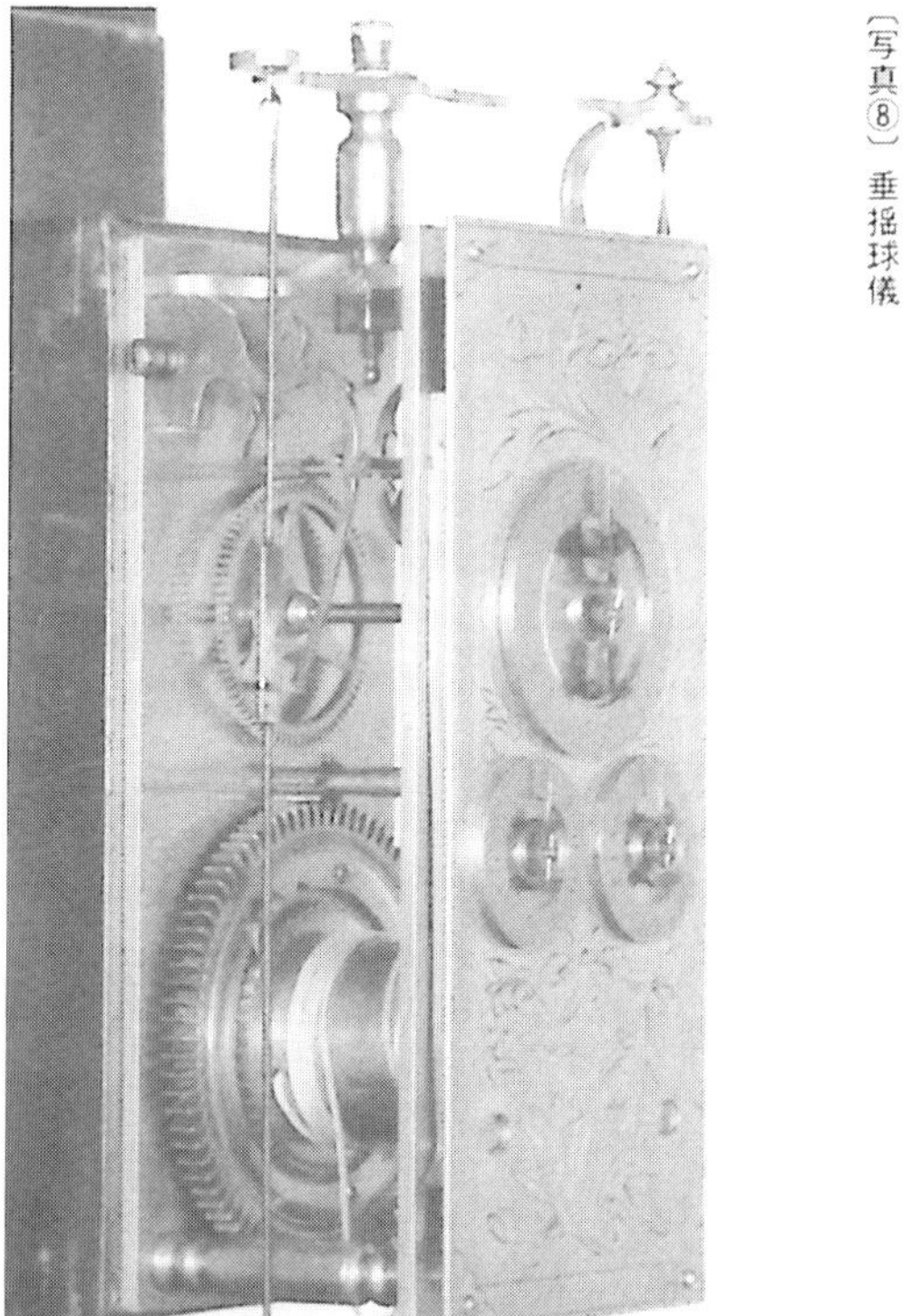

〔写真⑧〕垂揺球儀

クフォード市の時計博物館に保管されていることが報告されています。

垂揺球儀は重錘をエネルギーとし冠形脱進機を用いる点では授時簡と同じです。しかし棒天符を廃して振子を用い、冠型のガンギ車を二個対向させたことで飛躍的な精度を示しました。また文字盤によって最高百万回のカウントを示します。垂揺球儀のこの脱進機について、外国に類似の発明があってその模倣であると酷評する研究者がありましたが、年代にずれがあり、かつ実用化もされていないことから、垂揺球儀は麻田剛立《あさだごうりゅう》、間五郎兵衛《はざまごろべえ》、戸田東三郎らの苦心によって開発された、わが国独自の優秀なる天文時計であると断定することができます。

垂揺球儀には機械部裏面に十二辰刻文字盤をつけたものがあり、また重錘に示針をつけ尺時計と同様に十二辰刻を示すものもあります。

このように、わが国最高の天体観測用の天文和時計である垂揺球儀さえ、尺時計の世界に留まろうとする気配が見えます。いやいやむしろ尺時計こそが、天文時計の世界へ背伸びをしようとしていたのかも知れません。

Ⅸ 船時計と船磁石

もし寛永の鎖国令がなかったら、日本人のなし遂げた白人優越主義の打破と世界の植民地開放は、三世紀は早まったであろう。

大航海時代

一五四三年、種子島で日本人は初めてヨーロッパ人と接触しました。

世界的規模では、大航海時代はすでに始まっていたのですが、わが国にとってはこの年が大航海時代の幕明けとなったのです。

ヨーロッパからの最初の訪問者は鉄砲をわが国にもたらしたポルトガル人です。一五四三年以降、ほとんど毎年のようにポルトガル船やヨーロッパ人が日本へやって来

ました。それは幻の黄金の国「ジパング」への新航路の発見であったのです〔写真①〕。しかし、ポルトガル人もポルトガル船も一直線に本国から日本へやって来たわけではありません。ポルトガル人はその一世紀も前から、アフリカ西岸の南下、インド航路の探索、ゴアにおける東方経営基地の設営やマラッカ・マカオの占領など、次第に極東へと侵略を進めて来ていたのです。

白人優越主義

ヨーロッパ人の世界進出の歴史が未知の大洋のかなたに展開されるのは、一四九二年のコロンブスによる新大陸の発見、一四九八年のヴァスコ・ダ・ガマによる東洋への海上ルートの航路発見に始まります。イベリヤを起点として、地球を東回りで出発したポルトガルと西回りのコースを進んだ

〔写真①〕南蛮船。苦役の作業、危険な作業はすべて黒人奴隷がおこなっている様子が描かれている。鎖国は必然であり、正しかった

スペインは、いずれも十六世紀なかばには極東に到達するのですが、彼らは天人共に許さざる悪業をこの行程で展開します。

アフリカ大陸や東南アジア、南アメリカやフィリピンでのこれら南欧人の傍若無人な征服者ぶりは、思い起こすたびに胸が悪くなる悲惨なものです。わずかの人数で一国の高い文化を根こそぎ破壊し、数百万人の民族を絶滅させるほどの殺人と略奪をおこなったのです。

当初、これらヨーロッパ人の海外進出の意図は、未知の国を探検して新しい国土を発見し、キリスト教を布教してその地と交易することにありました。そして、到達し得た地には必ず原住民が住んでおり、彼らに対する宗教的経済的な当初の意図は、悲劇的な現実から開始されます。金や銀、絹や綿、珍しい食品や香料、タバコ、茶といった嗜好品がどんどんと手に入り、それらは莫大な富を生み出しました。もはや交易といったものではなく暴力的な強奪に近いものです。金品だけではなく、原住民そのものが交易品となりました。恐ろしい奴隷貿易は十五世紀から十九世紀までつづき、奴隷狩りと奴隷の売買はアフリカ黒人だけでも千五百万人に達したとされています〔写真②〕。

布教と交易といった、むしろ高邁《こうまい》で清潔で建設的な理想の実現に始まったヨーロッパ人の海外進出と探検事業は、行く先々で

〔写真②〕一挺天符式櫓時計の側板装飾のモチーフにされた、キャピタンと黒人従者の図。黒人奴隷の悲しい心までも見抜いたのであろうか

悲劇的な様相を見せ、阿鼻叫喚の地獄絵が繰り広げられたのです。しかし、白人優越主義に基づく、これら南欧諸国の人々の悪業だけを責めるのは正しくありません。彼らのなした行為は結果的には東西両洋を結び、世界の諸国民に互いの存在を認知させ、航海術のための天文地理学とその測量技術を向上させて科学発展に寄与するなど、人類史上における一大偉業ともいえる面もあったのです。

この頃のヨーロッパに遠洋航海のための充分な知識や儀器があったわけではありません。大胆にも蛮勇と好運だけを頼りにして、無謀なまでの船出を試みていたのです。嵐と高波にのまれ、あるいは暗礁に乗り上げて、どれだけ数多くの船団が海底に沈んだことでしょう。どれだけ多数の人命が海の藻屑と化したのでしょう。征服者にとっても命がけの大航海であったのです。

十六世紀の世界は、こうしてポルトガルとスペインによって支配されました。それが十七世紀に入ると新しくオランダとイギリス、さらにフランスがこの世界制覇の利権を求めて登場します。当然に起こり得る摩擦は、戦争へと発展しました。ヨーロッパ各国は海上を制覇するための強力な海軍を保有して激しい海戦を繰り返しました。軍艦は大型化され艦砲を増やし、それらの性能を向上させようとしました。造船技術も飛躍的に発達しましたが、それ以上に各国が解決しなければならない差し迫った問題があったのです。目的地を発見し、そこにいたる航路を開いたとはいえ、自らの艦船がその針路上にあることを確認することができなければなりません。それには水と空が見えるだけの大洋の真っただ中で、自分の船の位置を正確に知らねばならないのです。羅針盤はもちろんのこと、六分儀と時計、航海暦と計算用数表、海図などが船の位置を知るための必需品となっていまし

〔写真③〕航海用六分儀。18世紀イギリス製（澤田コレクション）

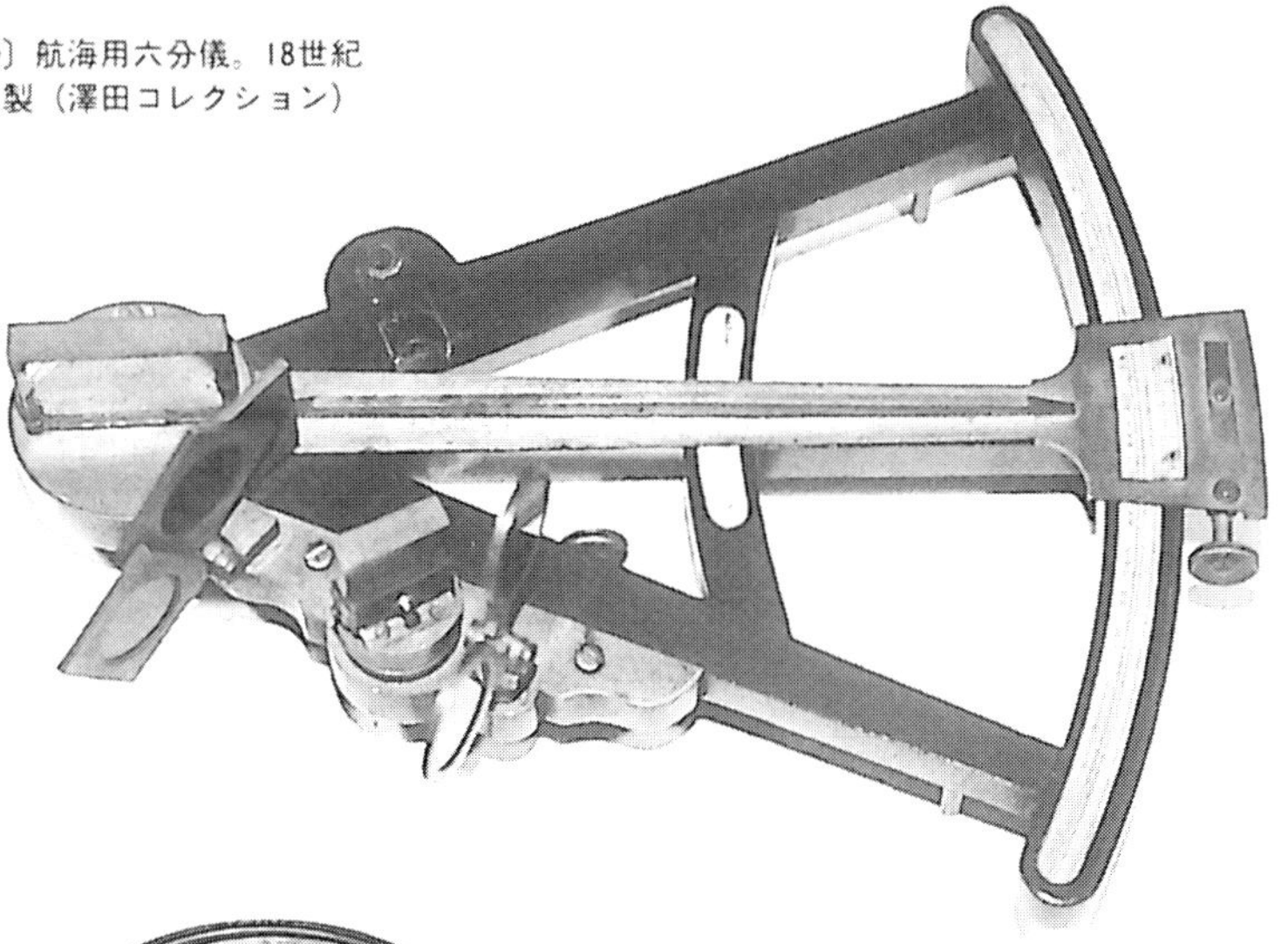

〔写真④〕江戸後期の日本製羅針盤。通常の船磁石（物標の方位を見る本針式）（澤田コレクション）

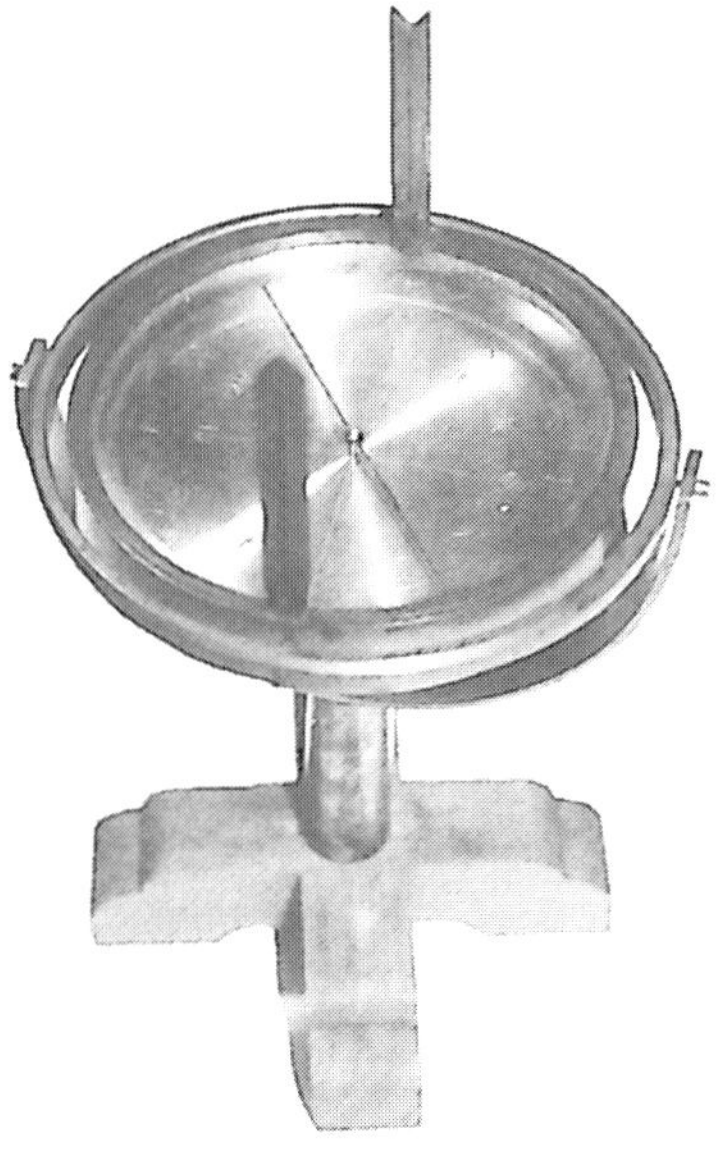

〔写真⑤〕江戸後期の日本製羅針盤。送針式船磁石（日本独自の操舵用逆針式）（澤田コレクション）

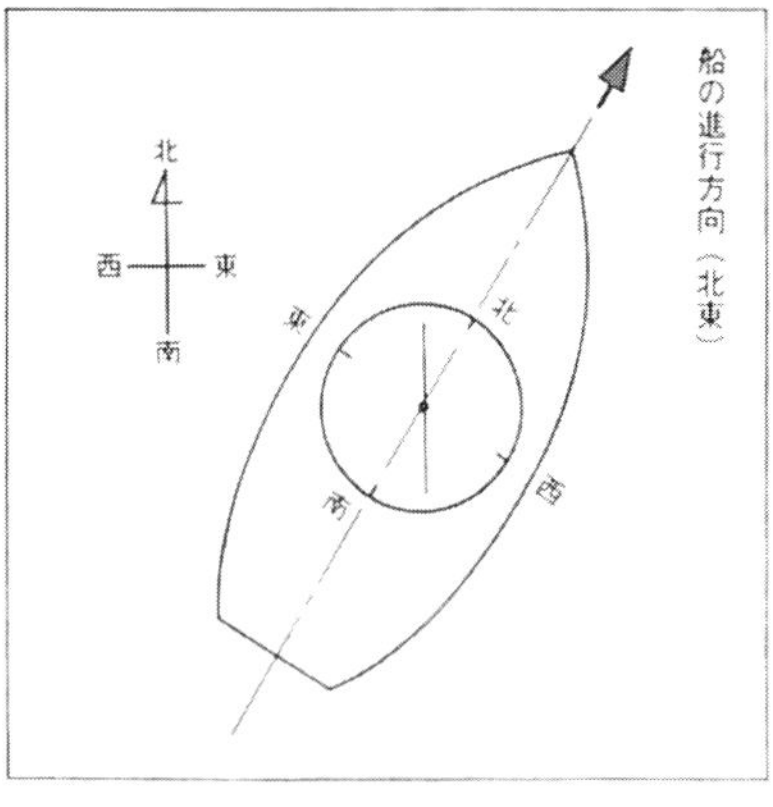

〔図①〕逆針（うらばり）磁石の原理。船磁石の子午線を船首尾の線に合わせておけば、針の差す方位が船の進行方向となる

た〔写真③④⑤・図①〕。しかし、これらを駆使しても正確な自船の位置を知ることは困難でした。洋上での船の位置は緯度と経度を知ることで求められます。緯度は太陽や北極星の高さを観測することで比較的容易に定めることができましたが、経度を知るためにはとびきり正確な時計が必要であったのです。

一七〇七年十一月二十二日の夜、強い西風の中で英仏海峡を通過中のイギリス地中海艦隊が針路を誤ってシーリー群島の暗礁に乗り上げてしまいました。その結果、軍艦四隻が沈没し、指揮官および二千名の乗組員が溺死するという大海難事故が発生しました。イギリス海軍にとっては、敵国であるスペインやフランスの海軍よりも恐ろしいのが海難事故だったのです。

この遭難の原因は経度の正確な測定ができなかったことにあり、イギリス本国はもちろん、ヨーロッパ各国が経度測定法に深い関心を示しました。元来、経度測定問題は未解決の課題として存在しており、一五九八年にスペインのフィリップ三世が経度測定の開発者に一千ダカットの賞金と二千ダカットの年金を、オランダも三万ギルダーの賞金を準備するなどのことがあったのです。

一七一四年、イギリス政府は経度委員会を発足させ、国会によって経度測定法の考案に報償金が承認されたのです。「イギリスから西インド諸国までの航海において、経度誤差が三十分以内の測定法を考案した者には二万ポンドの賞金を与える」というもので、これは揺れが激しく気温の変化や湿度の高さにさらされる船上の悪条件のもとで、日差三秒以内の正確な航海用計時器であるクロノメーターを開発せよということでもあります。

ヨークシャー出身のイギリス人、ジョン・ハリソン（一六九三〜一七七六）は弟

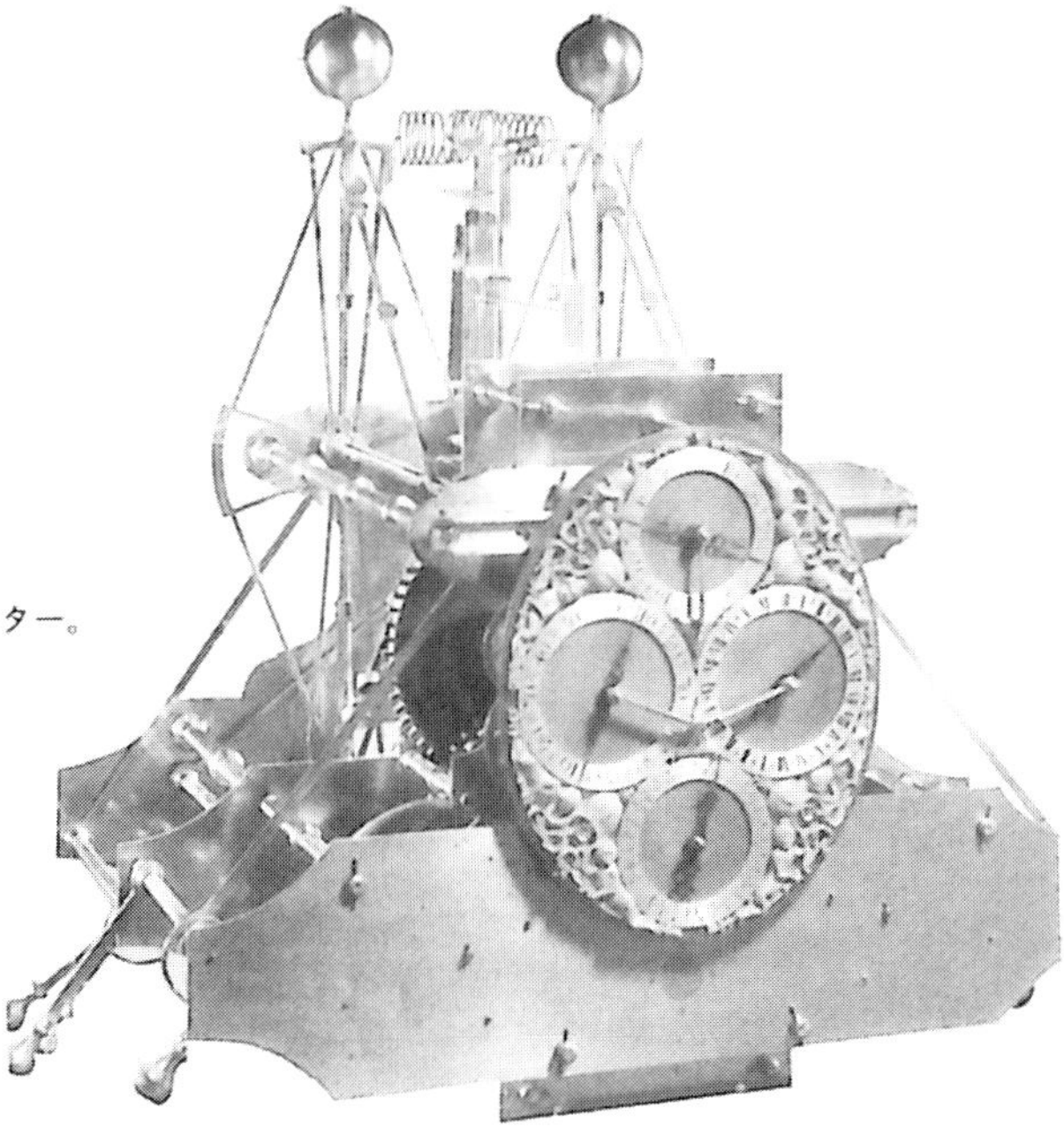

〔写真⑥〕マリンクロノメーター。
ハリソン第1号機（1735年）

〔写真⑦〕マリンクロノメーター。
ハリソン第2号機（1737年）

のジェイムスと共に、一七三五年に最初のクロノメーターを、一七六〇年には四番目のクロノメーターを完成して経度委員会に提出しました〔写真⑥⑦〕。四号機は八十一日間の航海中に誤差わずかに五・一秒、経度差にして一分十五秒という驚異的な精度を示したのです。

こうして大航海時代に次ぐ重商主義時代に入っても、ヨーロッパ各国は植民地獲得とこれを搾取経営するために狂奔しました。その結果、必然的に時計と鉄砲の発達が遂げられたのです。

鎖国日本

四面を海に囲まれた島国である日本もまた海洋国です。遣唐使船や遣明船、初期の倭寇《わこう》船や戦国水軍の安宅船のように中国大陸を目指した海外進出、さらに東南アジア

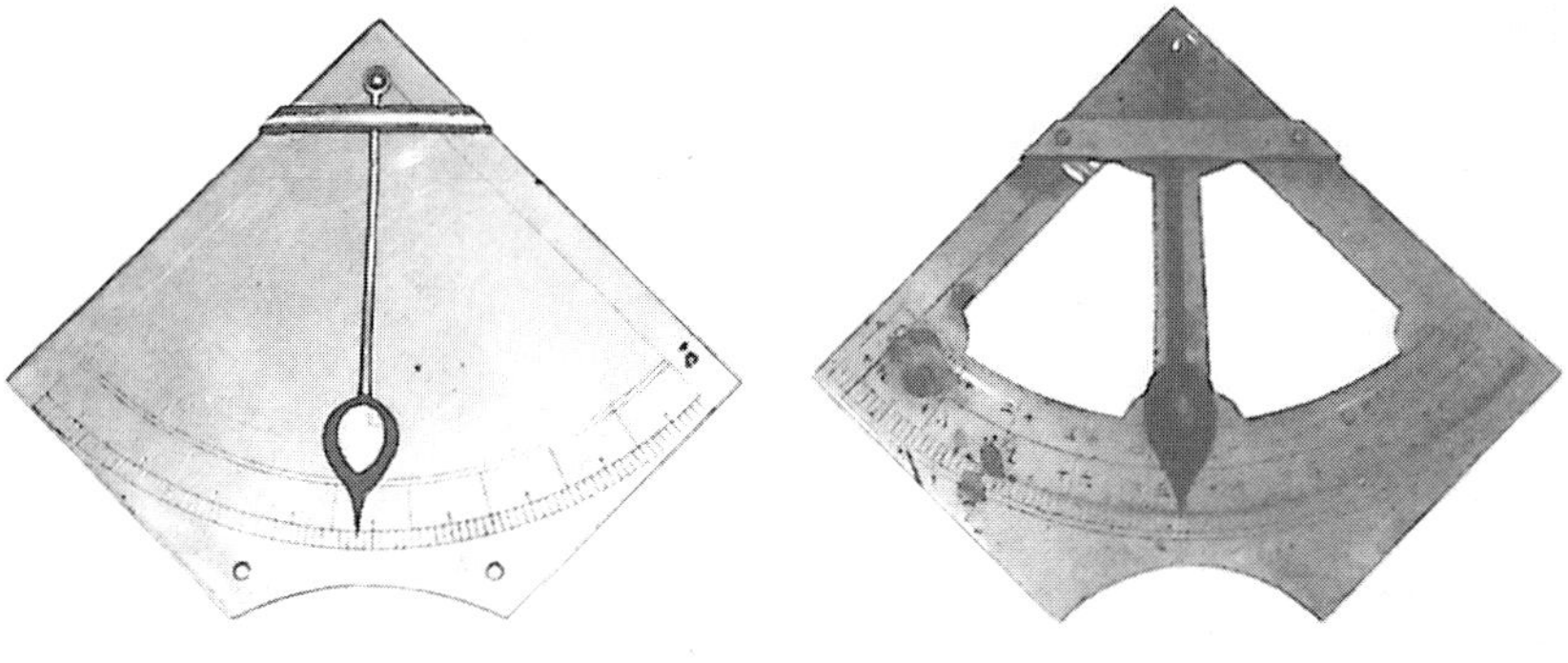

〔写真⑧〕日本製象限器。天文・地理の測量術、砲術にも用いられた

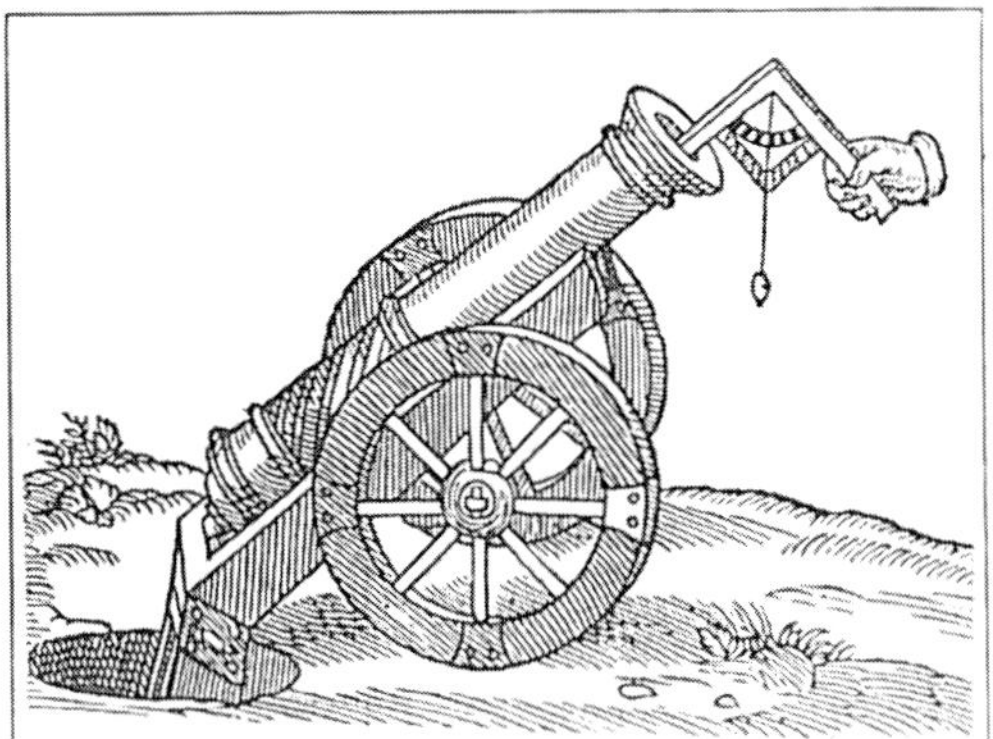

〔図②〕鉄砲象限器。放物線の角度によって着弾点を得る

貿易に活躍した御朱印船のように外国への航路は開かれていました。しかし徳川幕府は布教と交易をセットにして、次第に日本国と日本人の心に浸透し始めた南欧人たちが、多くの国々を植民地化してきた征服者であることを知りつつあったのです。幕府はキリスト教を禁じるだけではなく、寛永十年（一六三三）に最初の鎖国令として奉書船以外の海外渡航と渡航者の帰国を禁じました。翌、寛永十一年、海外往来の通商をさらに厳しく制限し、十二年には日本船の海外渡航を全面的に禁止し、寛永十六年、ポルトガル人の来航を禁止することで鎖国政策を完成させたのです。

遣唐・遣明船や前期倭寇船は中国大陸に向かうもので、地乗り（地回り）といわれる沿岸航法か沿岸を少し離れる沖乗り航法の延長であって、海難事故を繰り返しながらも航海用儀器や航海術は発達しませんでした。遣明船には磁石の使用があったとい

〔写真⑨〕船時計（卓上時計）

（清水展康氏蔵）

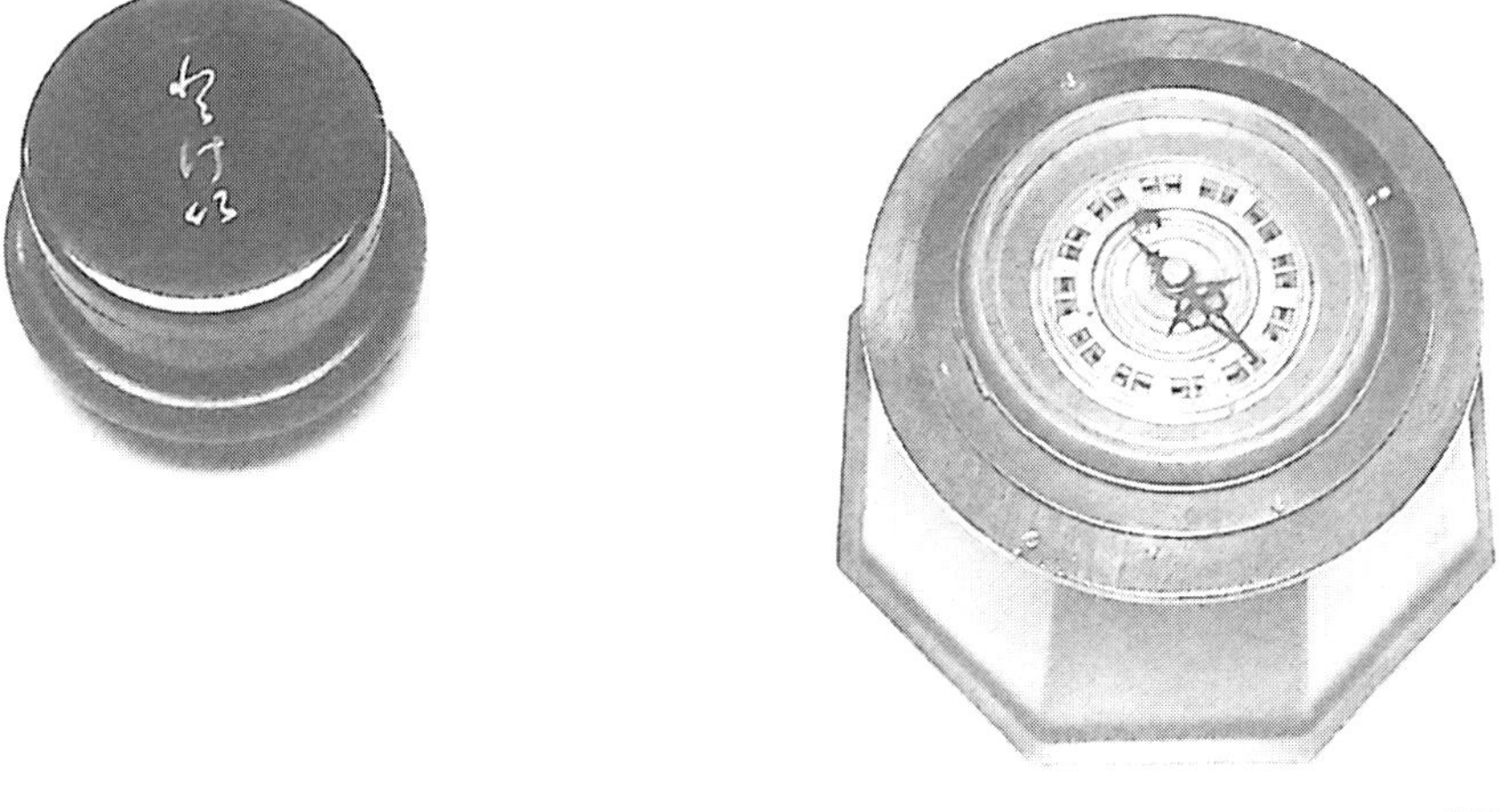

われますが、航海用羅針盤が整備されるのはもっと後年です。しかし、インドシナ半島からマレー方面にまで進出した御朱印船となると、もはや天文航法が必要となり、緯度を測定し羅針盤や海図で方位を定めるなど高度な航海術が使用されたのです。天和四年（一六一八）、池田与右衛門好運が著した『天和航海書《てんなこうかいしょ》』では天測儀器や羅針盤航海暦などが述べられ、国産の全円儀《ぜんえんぎ》（アストロラーベ）や象限器《しょうげんき》（クワダランテ）も見られるようになりました〔写真⑧、図②〕。

寛永時代の鎖国令がなかったとすれば、日本の海外進出の雄図は壮大なものとなり、日本の造船技術や航海技術は飛躍的に向上したと思われます。そして日本人のなし遂げた白人優越主義の打破と世界中の植民地解放は、三世紀は早められたことでしょう。

航海術としての天文測量や位置推測は鎖国のために発達しませんでしたが、暦学や

〔写真⑩〕通常の磁石（十二支の順序が右回り）

〔写真⑪〕逆針式磁石（十二支の順序が左回り）

〔写真⑫〕二挺天符式針回り
（十二支の順序が右回り）

〔写真⑬〕一挺天符式割駒文字（えと）盤回り（十二支の順序が左回り）

地理学、暦作りや地図作成のための精密な儀器は発達し技術も向上しました。外洋航海はできませんでしたが、沿岸海運は隆盛し千石船と称される大型の大和型船が数多く建造されたのです。それらに船時計や船磁石が積み込まれ、それなりに利用されました（写真⑨⑩⑪）。

羅針盤は東西南北とは別に十二支で方位が示され、これが和時計の時刻表示である文字盤（えと車）と酷似するものとなります。船磁石には操舵用として考えられた十二支の順序が反対になる「逆針式磁石」があり、これは和時計の「針回り」と「えと回り」の相違と共通するものです（写真⑫⑬）。

X 扇風機と万歩計

伝来した時計や鉄砲をたちまち国産化した日本人。それは和時計・和銃と呼ばれた。その時計や鉄砲が、その後次々に生み出す新しい技術や知識……私たちはそれを「和科学」と呼びたい。

久米栄左衛門通賢

久米《くめ》栄左衛門《えいざえもん》通賢《つうけん》は大坂の町人天文学者・間五郎兵衛《はざまごろべえ》の門人と自ら称しています。

間家には門人帳など門人に関する正式の記録はないのですから、本来門人という者はいないのかも知れません。通賢は讃州引《ひけ》田浦《たうら》の馬宿《うまやど》に生れた貧しい船乗りの子でしたが、同郷の富裕な伊藤家の子息の弘《ひろし》の守役として認められ、弘が寛政十年（一七九八）間家に留学するための、いわば付人として伊藤家の賄《まかな》いによって間家に入ったのです。伊藤弘が十五歳、通賢が十九歳の時でした。

享和二年（一八〇二）通賢二十三歳の時、郷里の父が死去したため通賢は学業をあきらめて帰郷することになります。

大坂・間家で学んだ四年間については間家が通賢に対し鋭い人物評価を記録しています。

「此子《このこ》（通賢のこと）機工の事に於て頗《すこぶ》る一の秀才とす。弊家（間家）所用の垂球儀《すいきゅうぎ》・象限儀《しょうげんぎ》・羅鍼《らしん》等を見て親から之を製造せり。（中略）爾来《じらい》、天学（天文）を廃せり。惜しむべし。然れども頗る其の才を自負せり。

未だ一も暦術の人微、実測の精竅《せいきょう》を識るに至らざるの人なり。因って其の測量許し托すべからず」

通賢が生来器用で努力家であったことは認めつつも、通賢の強烈な個性である自己顕示性や我流の測量術を批判しているのです。

それはまさにその通りで、通賢の数々の発明品には時には大言壮語とも取れる銘文が記されているのです。

文化十二年（一八一五）、通賢は無敵鎗《そう》間銃《かんじゅう》を開発しています。これは槍に取りつけて使用する通賢独特の鋼輪《こうりん》式短銃で、文化九年に小鋼輪銃を、文化十一年に輪燧《りんすい》佩銃《はいじゅう》を製作して、翌年にこの装置を槍鉄砲としたものです〔写真①・図①〕。

鎗間銃本体は和時計の機構の一部を利用

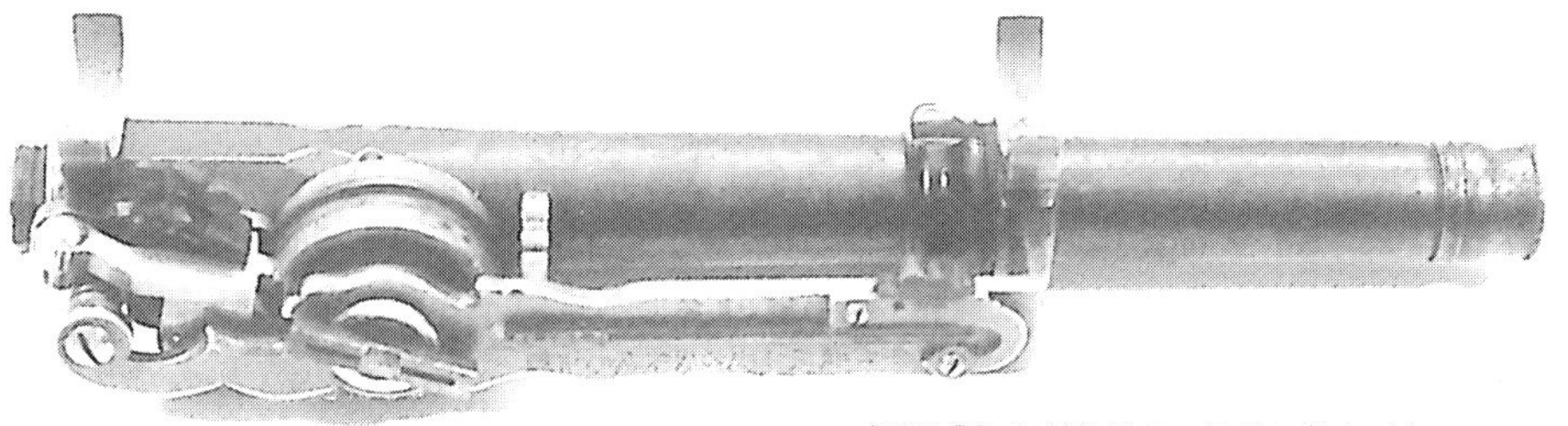

〔写真①〕無敵鎗間銃。地板に銘文がある

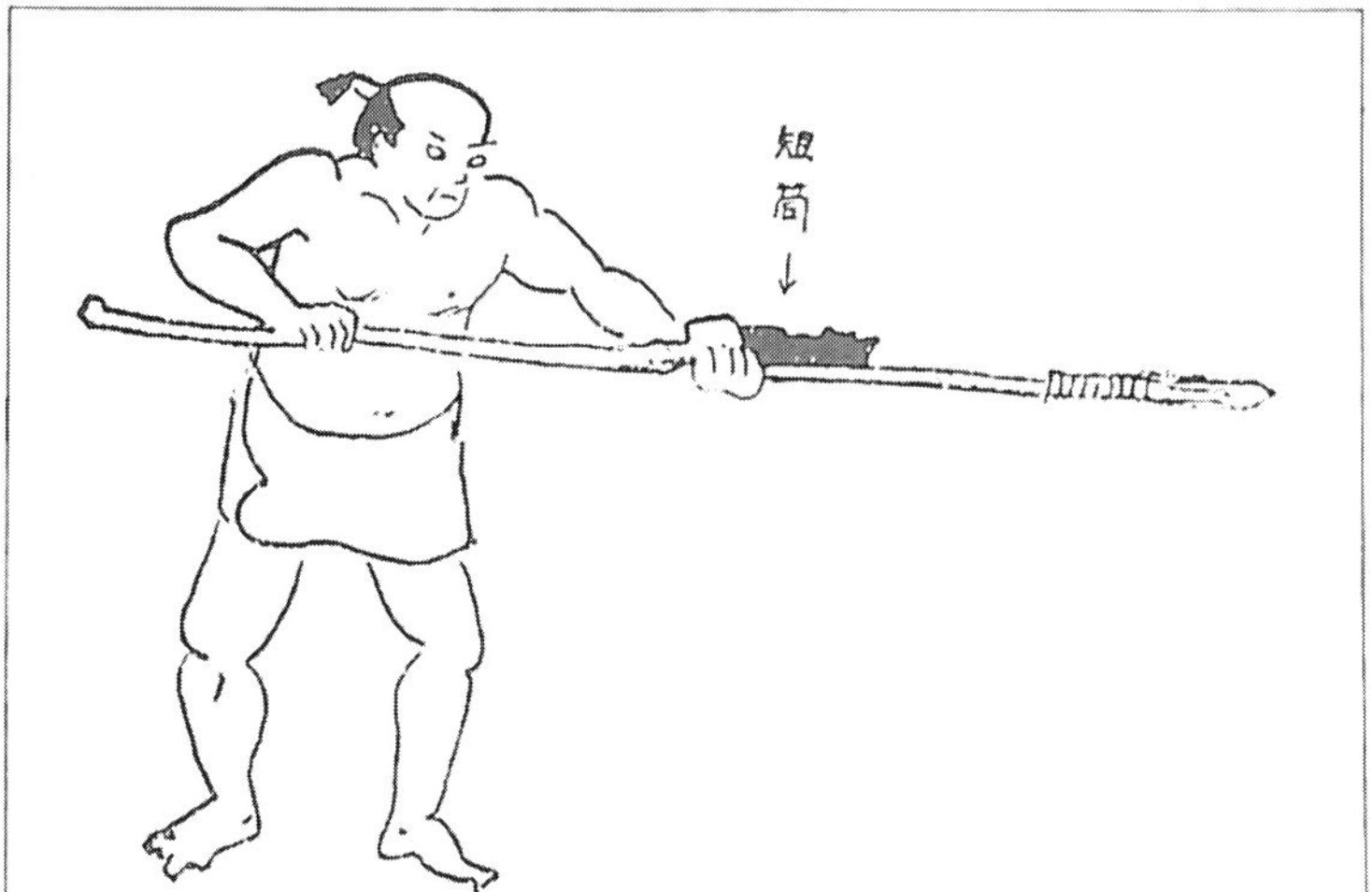

〔図①〕槍柄に取りつけて使用する

したものですが、全金属製でその胴部には次の銘文が刻まれています。

「命有最限無是名故兵従志無帽器ヲ無《なかれ》レ使《つかうこと》フ」

また「鎗間銃」と朱筆された共箱の蓋裏には通賢の直筆による「鎗間銃銘」の一文が貼りつけられています（写真②）。

鎗間銃銘

「余、弟通義《みちよし》をして一銃を新製せしむ。長さ七寸、孔《あな》は鉛子三銭に適う。機関は鋼輪、鎗柄に合せ持ち、以て敵の不慮に放つ。因って名づけて無敵鎗間銃と曰ふ。曽て武備志を閲《えつ》するに、諸葛武侯火攻の器に鋼輪という物有り。其の器、大抵一尺五寸、或は二尺五寸、当に之を用いて地を抗《ほ》ること丈余、石一千斤を釣るべき者、垂勢、以て燧を鑽るなり。余、其の器の利を知る。而して軽易すべからざるを察し、苦思を施すこと数年、逐に小鋼輪なるものを縮作す。制、枕形《まくらがた》の如し。其の長さ二寸五分、中に転輪の機関を具《そな》へ、以て火道を四面に取る。而して量は半斤に過ぎず。又其の備急《そなえ》の便捷を要するなり。夫れ金石相磨し、火種を発する、固まり必せり。蓋《けだ》し一電・二電の間、要

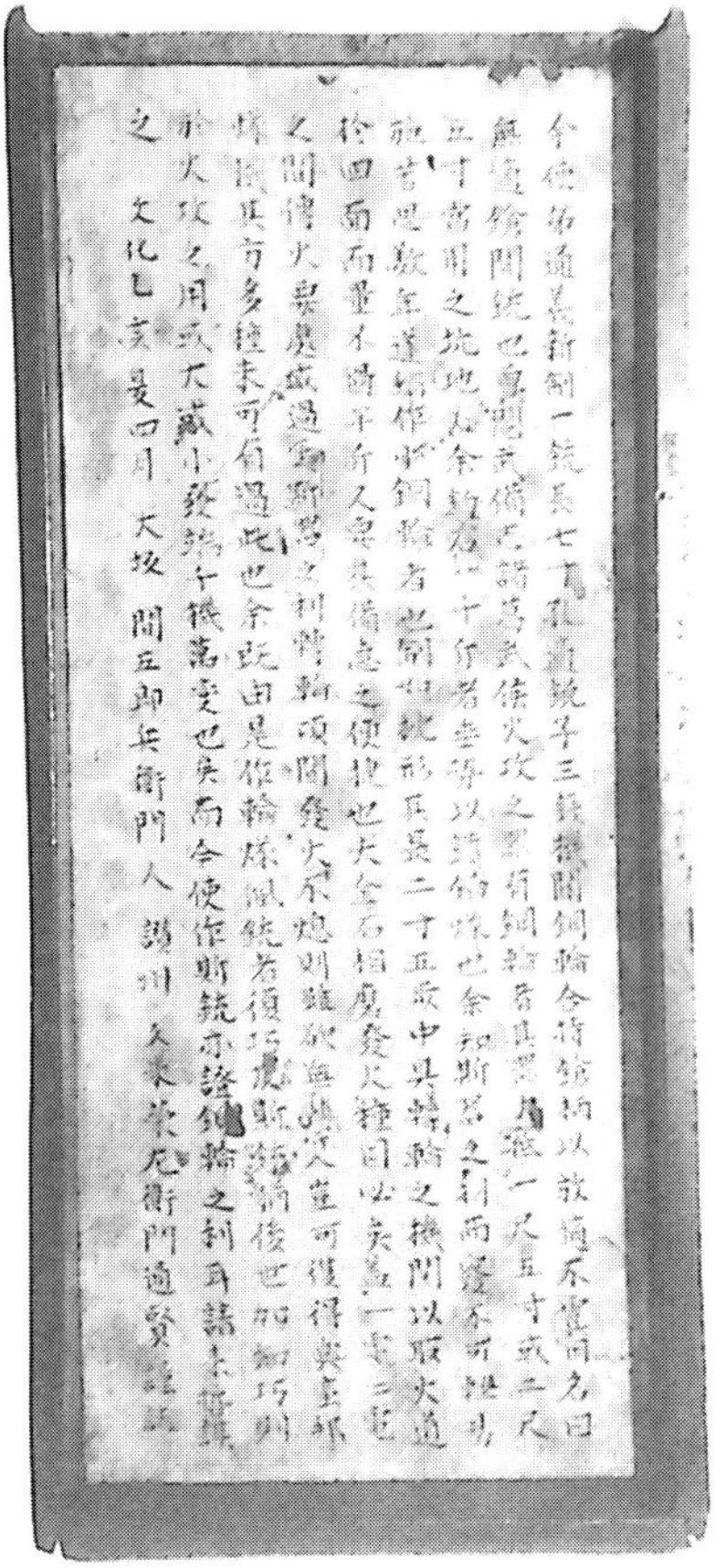

〔写真②〕鎗間銃の共箱蓋裏に記された鎗間銃銘全文

処に伝火すること、或は過たん。其の器に利なる、転輪の頃間、発火、熄《き》えずんば、則ち伝火すること無からんと欲すと雖も、豈《あ》に復た得べけんや。蛮邦の燧機、其の方多種なるも、未だ此れに過ぐるもの有るべからざるなり。余、既に是に由りて輪燧佩銃なるものを作る。復《ま》た、巧《たくみ》、其の銃に及ぼす。猶ほ、後世、智巧を加ふれば、則ち火攻の用に於て、或は大に、或は小に、端を発すること千機万変なり。而して、今、其の銃を作らしむ、亦た鋼輪の利を証するのみ。請ふ、来《きた》りて之を哲謀せんことを。時に文化乙亥二月、

大坂間五郎兵衛の門人

讃州久米栄左衛門通賢謹んで誌す」

わざわざ間五郎兵衛門人と名乗ったのは、麻田剛立《あさだごうりゅう》に始まる麻田流西洋天文暦学を奉ずる、当時最高の天文学者であった間家に学んだことを誇示するためであったのです〔図②〕。

〔図②〕麻田流天文暦学を学んだ人々

- 麻田剛立（1734－1799）
  - 間　重富（1756－1816）
    - 伊勢山田　山口　璜
    - 伊勢山田　西島是平
    - 大阪　武田真元
    - 大阪　橋本宗吉（1756－1816）
    - 芸州　武田正信
    - 讃岐　伊藤　弘（1784－1844）
    - 讃岐　久米通賢（1780－1841）
    - 大阪　麻田立達（1770－1827）
  - 高橋至時（1764－1804）
    - 伊能忠敬（1745－1818）
    - 高橋景保（1785－1829）
    - 渋川景佑（1787－1856）
  - 足立信頭（1769－1845）

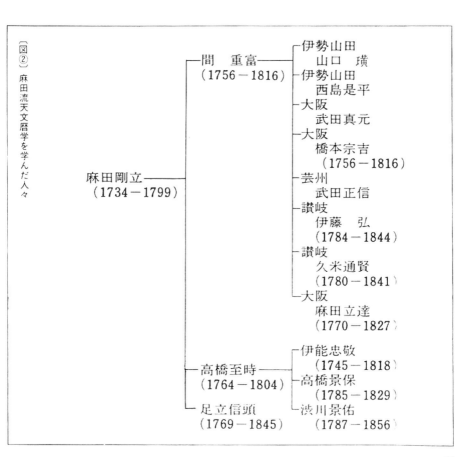

自らの発明、製作、新開発の発端や苦心、完成度を説いているのですが、これを自己宣伝として冷やかに見る者もいたのです。

讃岐へ帰郷して後の通賢の活躍ぶりは多方面にわたったため、天学（天文学）を廃すとも見られたのですが、帰国後に通賢が自製して愛用した測量儀器の数々は間家や伊能家に現存する遺品に比肩し得るものです〔写真④〕。

これらの儀器にも通賢は言葉の多い銘文を刻んでいます〔写真③〕。

しかし通賢は決して天文学を棄《す》てたのではなく、間家の専門外である地理測量さえ自己のものとしたのです。

文政七年（一八二四）、通賢は「風砲」を製作しました。風砲とは空気銃のことで、文政二年に近江国の銃工國友藤兵衛一貫斉《くにともとうべえいっかんさい》がすでに気砲と名づけて強力な軍用空気銃を開発しています〔写真⑤〕。通賢はこの気砲に強く刺激され、一貫斉に遅れること

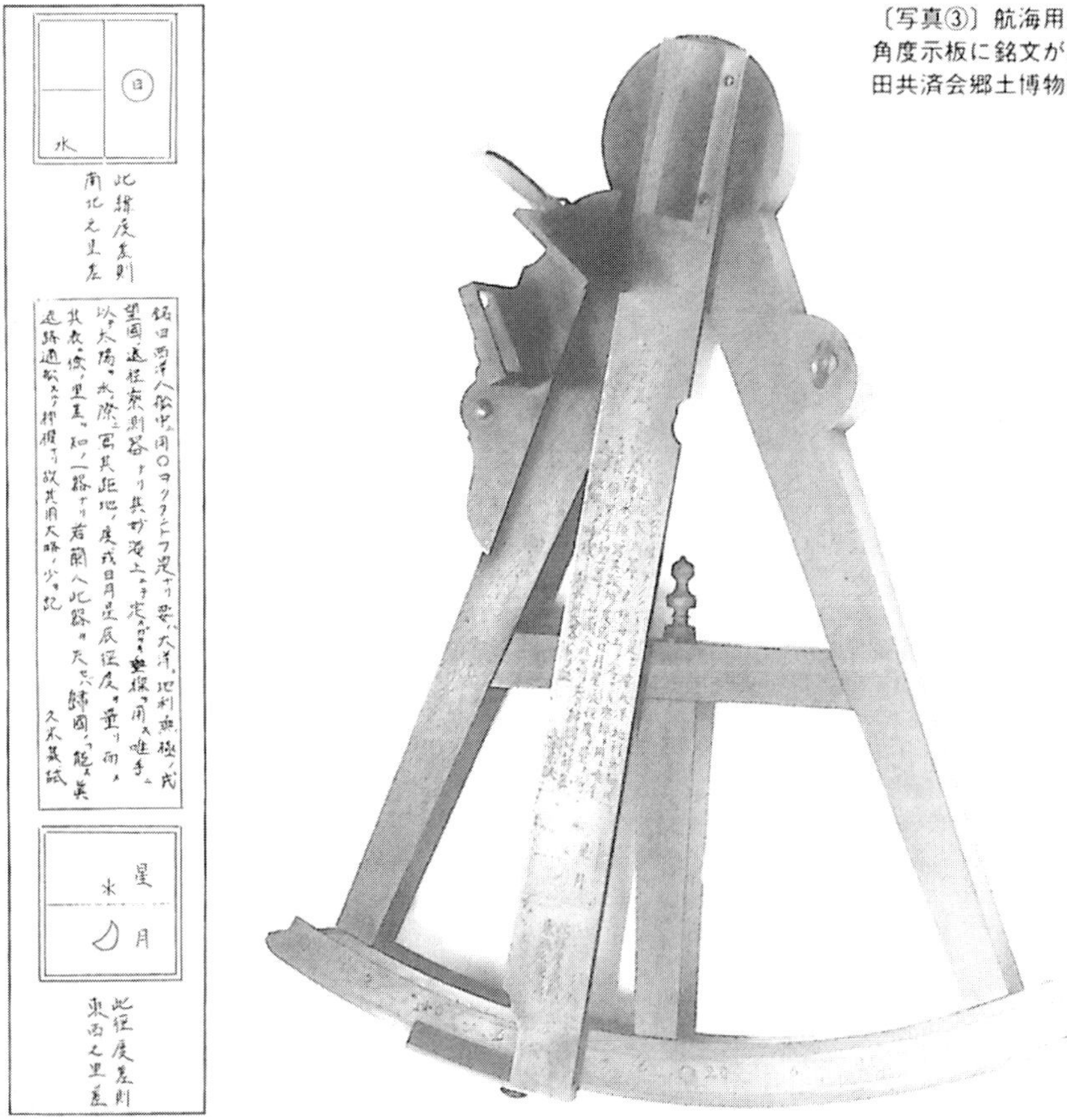

〔写真③〕航海用六分儀。角度示板に銘文がある（鎌田共済会郷土博物館蔵）

〔写真④〕

通賢作地球儀・天球儀

通賢作地平儀

通賢作象限儀

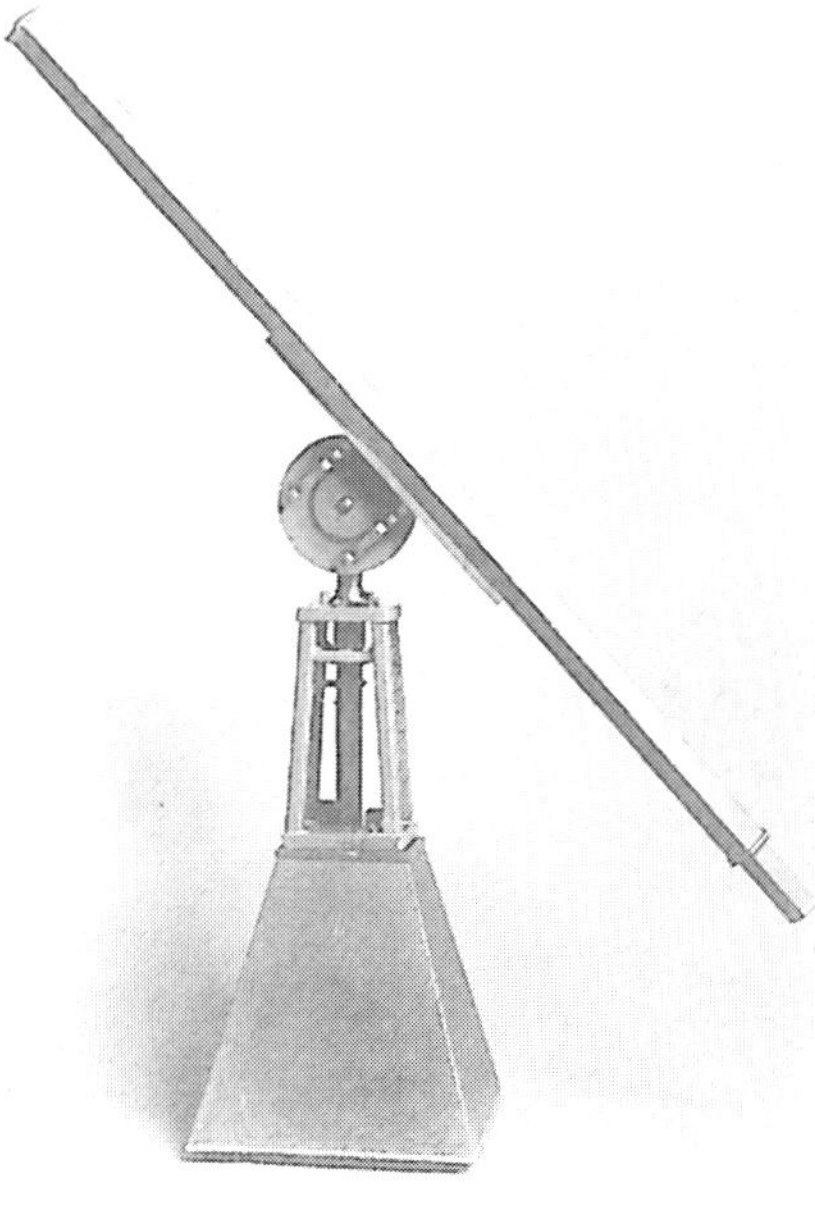

（鎌田共済会郷土博物館蔵）

通賢作天体望遠鏡

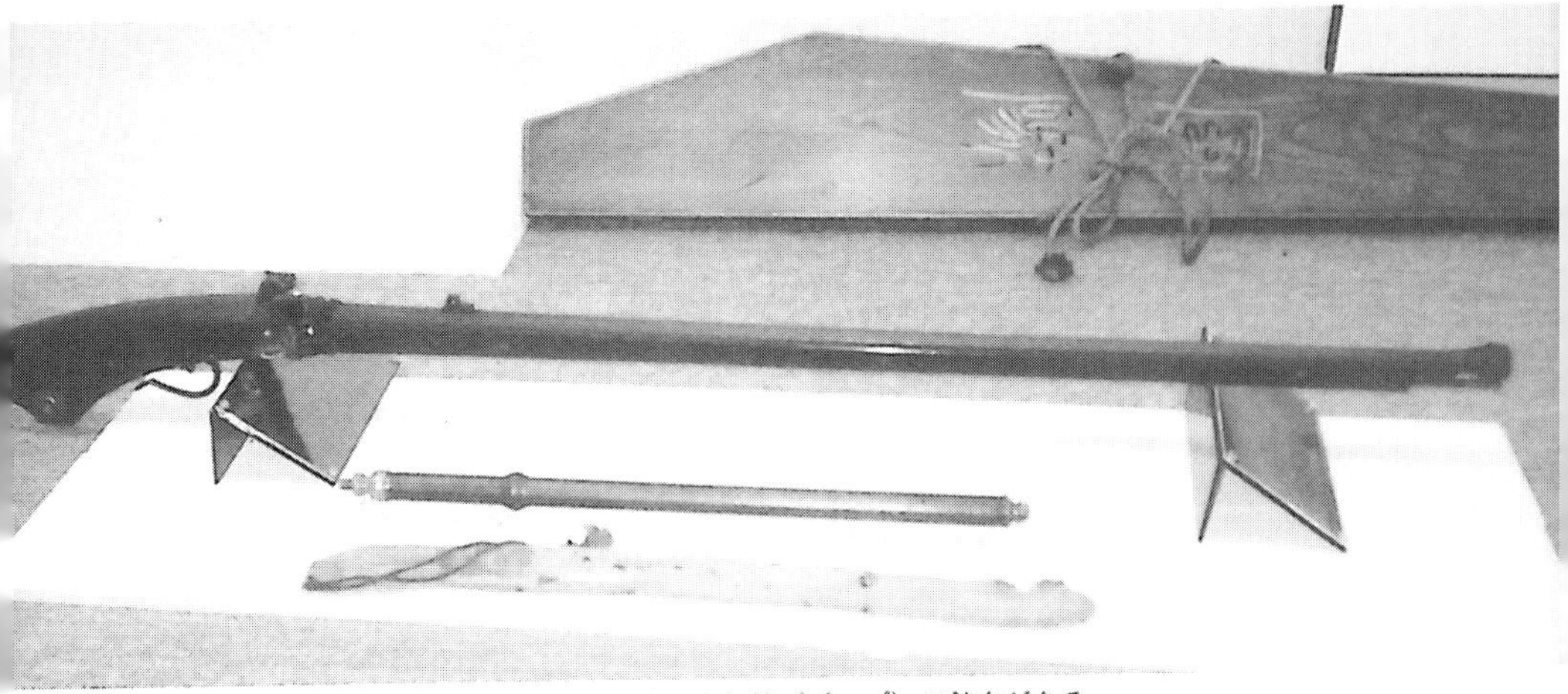

〔写真⑤〕通賢作風砲。生気筒（ポンプ）に銘文がある

五年にして風砲を完成したのです。

この風砲に付属する生気筒《せいきとう》（ポンプ）の胴部には次の銘文が刻まれています。

「気の活法を穿鑿《せんさく》せんが爲め、気砲の図画を集め見るに、近来、倭《わ》の製は徒に機巧を増し、不用の労あり。又鮮具の巧蘭製の数十倍とあり。是れ予が僻目より見て、其の機巧なること蘭製に及ばず。真に不用の玩器なれども、亦た蘭製も台尻丸の中り鮮し。爰に倭・蘭の図画の比を補ひて、其の人をして製せしむ。則ち此器は、気砲の台尻に菊型の座あり。是に合気を疑し、送込みの生気筒なり。

文政七甲申年正月、之を造る。

久米栄左衛門」

通賢が集めた風砲の図面で見たという「倭の製」とは、明らかに國友藤兵衛一貫斉の『気砲記』のことであり、他にヨーロッパ製空気銃の図や実物をも比較検討したというのです。

いずれも通賢にとっては不満足な作品であったため、両者の欠点を補って満足すべき独創的な風砲を開発したことを誇っているのです。

通賢の風砲と一貫斉の気砲を比較して見ますといくつかの相違があります。一貫斉の気砲は機関部が露出していて、蓄気《ちっき》タンクがそのまま肩付銃床となるドイツ型です。このタイプは蓄気の際、機関部とタンクを分解分離しなければなりません。

通賢の風砲は機関部は内装され、蓄気はタンクを分離することなくおこなえる精巧な機構で、銃床は火縄銃そっくりの形で頬《ほっ》付《つけ》式の和銃そのものの形態です。

これは和洋の長所を取り入れながらも、通賢の独創性を示すもので、数少ない和製空気銃の中でも出色の作品といわねばなりません。

ただ國友藤兵衛一貫斉に先を越されたことへの口惜しさから批判がましい注釈を銘文とするところに通賢の狷介《けんかい》な性格が表れていると思えるのです。

通賢が鉄砲や他の発明品の開発のための青写真、すなわち基本的な設計力の素地となったのが和時計や測量儀器の製作であったのです。

重錘《じゅうすい》式の和時計の機構を利用して通賢は藩王・松平頼恕《まつだいらよりひろ》公に扇風機を製作して献上しています〔写真⑥〕。

重錘《おもり》の下降エネルギーで回転する歯車の組み合わせによって白い羽で作られた大きな団扇《うちわ》が自動的に上下に動き、涼しい風を送るのです。

全長八十四センチの本体は重錘が下降する櫓《やぐら》台もあり、歯車の輪列によって得られた回転運動は強力で緩やかな上下運動に転換されています。これは基本的には輪列は歯車の数の少ない尺《しゃく》時計に似ています。さらに対向する二個の冠形脱進機に似た装置は団扇を上下に振るためのものですが、垂《すい》

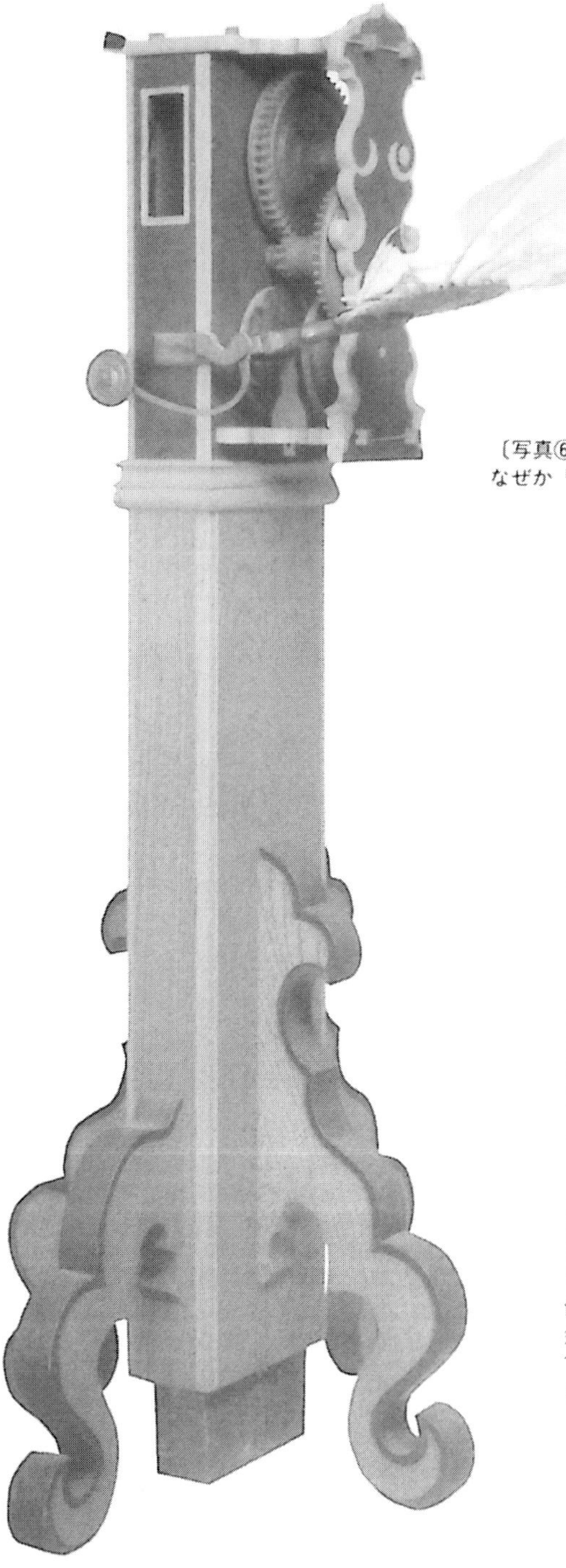

〔写真⑥〕通賢作扇風機。高さ84cm。通賢はなぜか「煽風器」と名づけている

歯車の輪列は尺時計に似ている。対向式の冠形脱進機に似たものが団扇を上下運動させるが、明らかに垂揺球儀にヒントを得たものである

重錘はハンドルで捲き上げる

揺球儀《ようきゅうぎ》の脱進機にヒントを得たものです。

この扇風機は和時計そのものであったのです。間家が使用したとされる垂揺球儀は現在近江神宮に保存されています。

時計は時間を計る機械であるばかりでなく、地球の大きさや宇宙の広さをも計り得る儀器でもあることから、天文地理の測量に欠かすべからざる存在であったことは再三述べた通りです。それでは時計だけで簡単に距離を計ることができるのでしょうか。

飛脚時計

飛脚《ひきゃく》とは、文字通り飛ぶように駆け走ることができる健脚を職業とする人々のことで、江戸時代の郵便業務のようなものでしょう。

ただひたすらに走りつづけて、文書や現金・為替や小荷物などを移送するのです。官飛脚と町飛脚があったようで、江戸―京都間を九十時間ほどで駆け抜けています。もちろん飛脚問屋があって中継地があり、継《つぎ》飛脚が次々とリレーするもので、一人の飛脚が走りつづけるわけではありません。

今日の駅伝やマラソンのようなもので、その快足ぶりはオリンピック選手も顔負けであったに違いありません。その飛脚が用いる時計が飛脚時計なのでしょうか？　飛脚は職務上、一定の距離を一定の時間で走らねばなりません。それは移動した距離が

通賢作扇風機共箱

分かれば経過した時間が分かるということです。決して時計が使用されていたわけではありません。

飛脚時計は歩《ほ》時計とも呼ばれています。その実体は腰に印籠《いんろう》のように吊り下げて、移動した距離を知る計測器であったのです〔写真⑦〕。

今日では健康器具の一種として誰でもが知っている万歩計。飛脚時計とは江戸時代の万歩計だったのです。

万歩計は時計つきのものもありますが、原則的には歩いた歩数をカウントする機械です。飛脚時計は間《けん》（一・八メートル）・町（一〇九メートル）・里（三九〇〇メートル）の単位で距離を示します。

そう、これは測量具でいう「量程器《りょうていき》」なのです。

機構は和時計そっくりで、歯車と文字盤と示針と振子で組み上げられています。

振子の運動によって一歩あるくごとに歯

〔写真⑦〕飛脚時計。
腰帯に提げて使用する

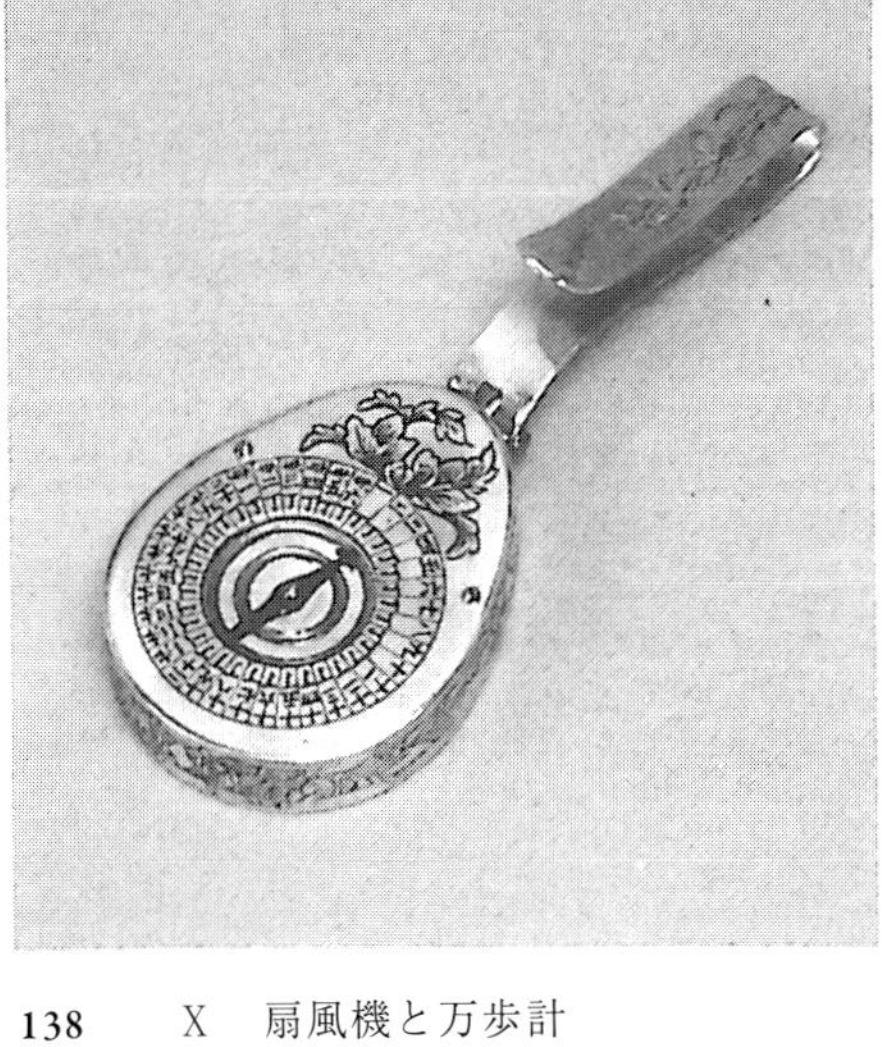

〔写真⑧〕飛脚時計の機構。振子が内蔵されていて、歩くと動揺し、移動距離（間・町・里）が示針によって明示される

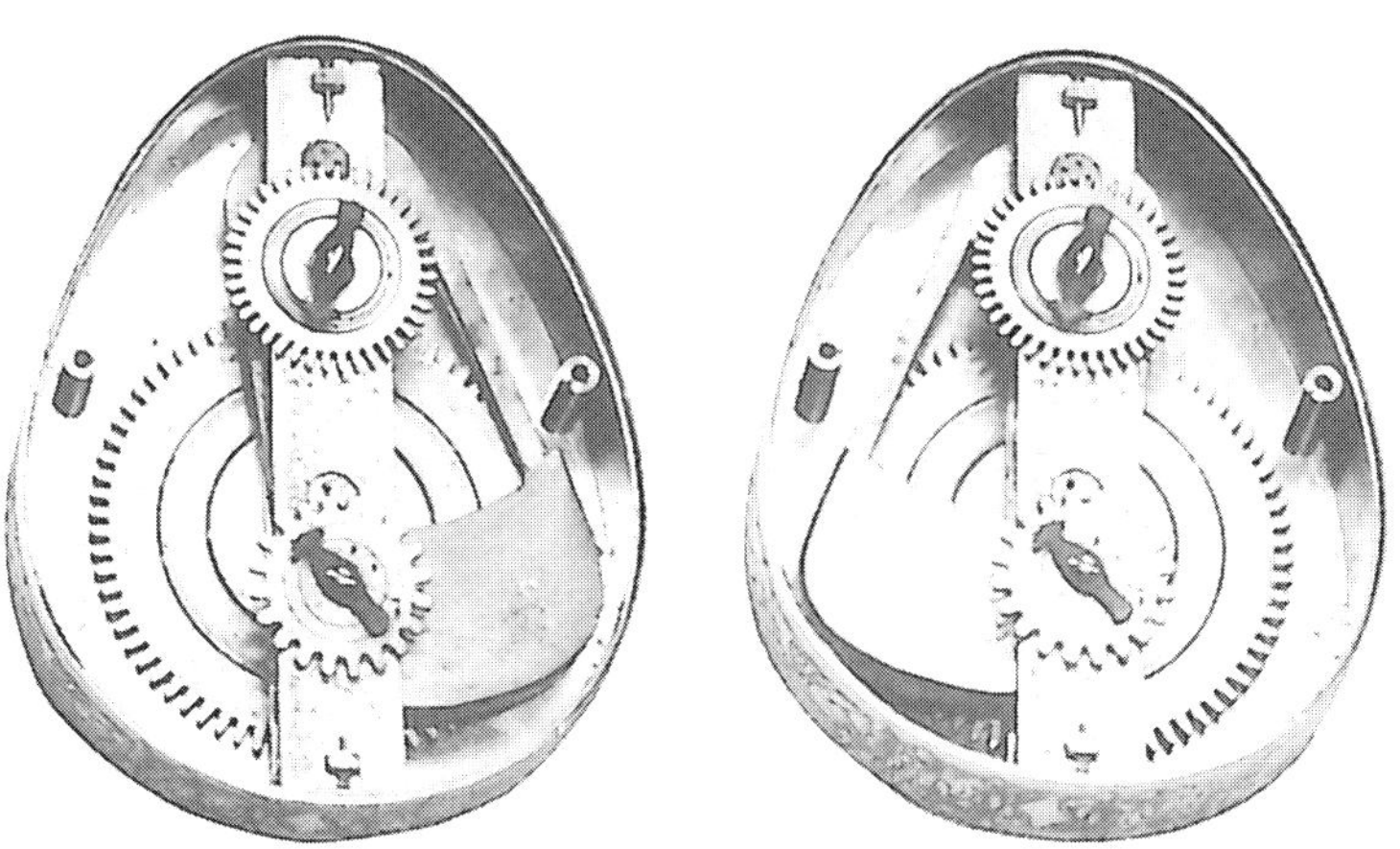

卵形文字盤

丸型文字盤

車が一方向に送られ、ラチェットによって逆行することは防がれています〔写真⑧〕。

この腰提げ式の量程器は飛脚時計・歩時計・道計《みちはか》り、とさまざまな名称がありますが、時計師の技術によって完成され、そのモデルはヨーロッパにあったものでしょう。

しかし振子式の機構は腕時計の自動巻きの原型ともなったのです。

坂出《さかいで》（香川県）の鎌田郷土博物館図書館には讃州高松藩の平賀源内《ひらがげんない》が宝暦五年（一七五五）に製作したと刻銘された量程器が保存されています〔写真⑨〕。

また垂揺球儀が二台も保存されている千葉県佐原《さはら》市の伊能忠敬《いのうただたか》記念館には、測地用の大型量程器が保存されていて、和時計の製作技術が各所に応用されているのがよく分かります。

〔写真⑨〕平賀源内作量程器
（鎌田共済会郷土博物館蔵）

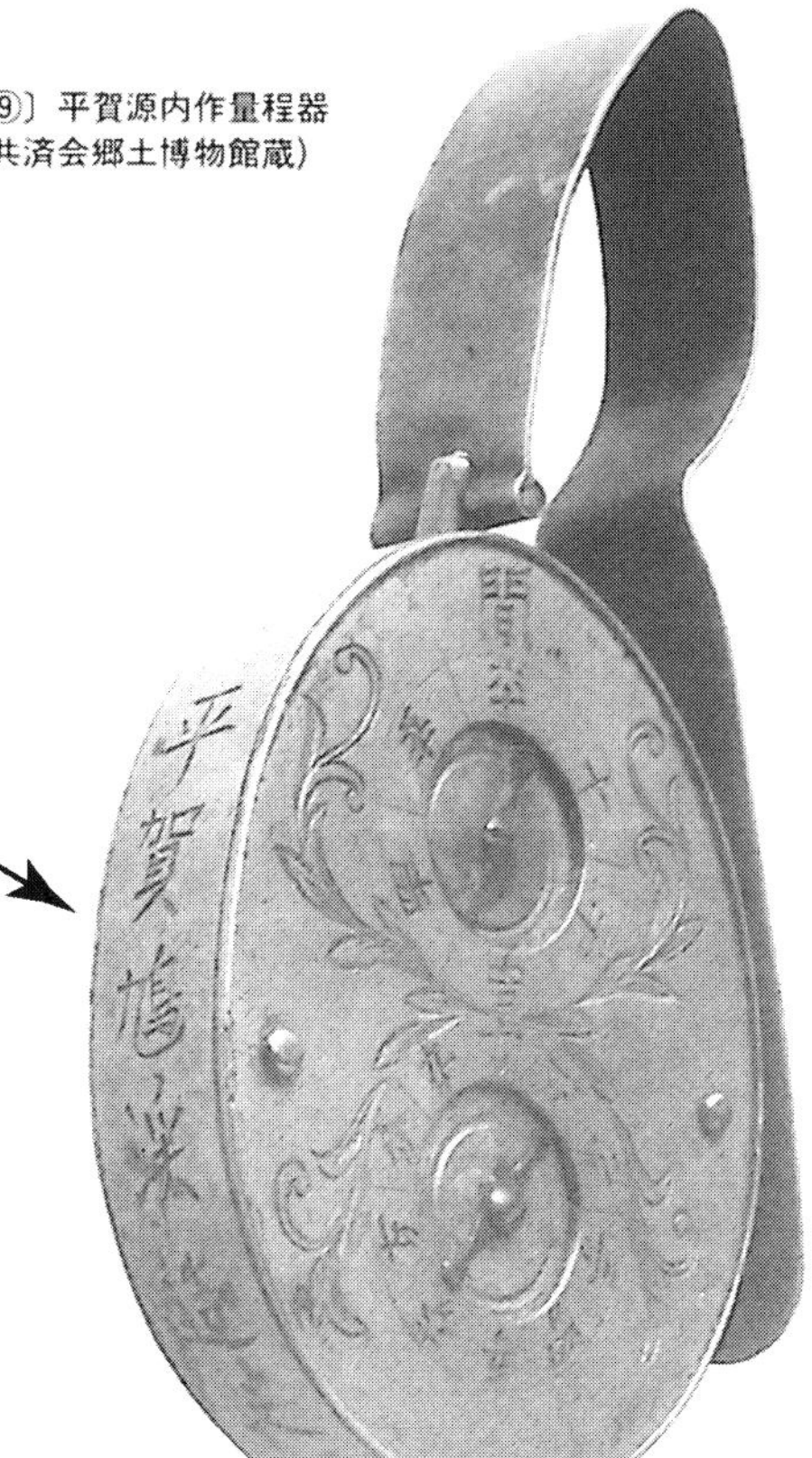

この量程器はもともと無銘であったものに、昭和初期に「平賀源内作」と偽名を刻銘した偽銘品です。

偽銘　平賀鳩渓造之

XI 和時計と科学

房総、信州、加賀。

これらの地で幕末を生きた三人の科学者たち。

商人、武士、職人と出身は異なっても、西洋の進んだ智恵と日本人としての強靱な精神力によって、一つの大きな時代を創造した。

〔写真①〕量程車（伊能忠敬記念館蔵）

伊能忠敬（一七四五〜一八一九）

千葉県佐原《さはら》市にある伊能忠敬《いのうただたか》記念館所蔵の量程器《りょうていき》は大型で車輪がついており、地面に直接設置して、曳《ひ》いて移動距離を計測するものです〔写真①〕。したがって量程車とも呼ばれており、自動車を走行させると走行距離がメーターに示されるようなものです。

　悪路の多い江戸時代の道路事情では量程車はあまり利用効果があったとは思えませ

ん。しかし量程車に使われている歯車の輪列や数字盤の表示の構造は和時計そっくりで、各所に和時計の技術が生かされています。製作者は時計師であったかも知れません。

伊能忠敬は『大日本沿海與地全図』の作者として有名ですが、若くして伊能家に入り、当時衰微していた伊能家の家運を事業によって挽回させました。五十歳にして隠居し、天文学の知識を得て地理測量に力を入れ、ついには幕府の御用測量方として日本全土の精密な実測図を完成するにいたったのです。

緯度一度の長さを計るにしても正確な天文時計が望ましいのですが、伊能家には大野規行作と戸田東三郎忠行《とだとうざぶろうただゆき》作の二台の天文時計「垂揺球儀《すいようきゅうぎ》」が保管されていました。この内、寛政八年（一七九六）に戸田東三郎によって製作された一台は、他の測量器や資料と共に一括して国の重要文化財に指定されています〔写真②〕。ただし時計単体で指定されているわけではありません。

和時計や和銃には一点たりとも国宝指定や国の重文に指定されたものはないのです。しかし同じ武具でも刀剣や甲冑《かっちゅう》は馬鹿馬鹿しいほど多数の国宝・重文が存在するのです。

これは不思議なことです。和時計や鉄砲

〔写真②〕戸田東三郎忠行作の垂揺球儀（伊能忠敬記念館蔵）

に重要な文化財と認められるものがないのではなく、つまりそれを国に認めさせるだけの本格的な研究がなく、あるいは研究者がいなかったということなのです。

　忠敬は日本全国を測量旅行したわけですが、その歩行数は四千万歩にのぼり、精密な測量儀器を用い高度の数学を駆使しても、忠敬の地図は計算だけではなく結局は足で歩いて実測したものであったということです〔写真③〕。

　この正確な地図は外国人も注目するところとなります。シーボルトはこの地図を密かに入手し持ち帰ろうとして国外追放を受け、忠敬の師であった高橋至時の長男・景保は連座して獄死しました。

　江戸湾測量を強行しようとしたペリーは忠敬の地図を示されて測量を中止します。同時に、これほど完全な地図を完成する国民を征服することは困難であると痛感したのです。

〔写真③〕この旗と共に、忠敬は三万五千キロを踏破した

　これに似たお話があります。ペリーは安政元年（一八五四）二度目の来航で日米和親条約を締結した際、将軍や幕府の高官に数々の贈物をしています。その中にアメリカ最新のリボルバーピストル「コルト五一ネービー」があったのです。自国の優れた工業製品を手にして誇らしげなペリーは、

よもや同じものはできまいと思いつつ、所持するコルトネービーを見本として日本の職人に倣製することを依頼しました。銃工・中澤晃敬によって完成された日本製リボルバーは、オリジナルのコルトをはるかにしのぐ完成度を示し、アメリカの古銃研究者からは「日本人の製作した世界最高のコルト」と高く評価され、「ペリーのピストル」と呼ばれて伝説的な存在となり、アメリカ人コレクターの中で貴重視されて来ました（写真④）。

ペリー自身もこの日本人のもつ潜在的な高い技術力を見て衝撃を受け、日本の植民地化をあきらめたといわれています。もちろんアメリカ国内でも一八六一年に南北戦争が始まり、日本攻略どころではなかったのですが。

ペリーは後年、自著の回顧録『日本遠征記』の中で次のように述べています。

「実際的機械的な技術において日本人は巧緻性を有している。彼らのもつ工具の粗末さや工作機械への無知を考え合わせると、彼らの手の器用さは驚くべきものといわねばならない。

他の諸国民がなし遂げた物質的進歩を知ろうとする彼らの好奇心と、それらを自己のものとして適応させる意欲は、もし現在、彼らを他国との交流から閉め出している政府の方針が緩和されるとしたら、たちまちこの国を世界の最も進歩した国々と並ぶレベルに押し上げるであろう。

日本人がひとたび、文明世界の過去および現在になし遂げた技能を所有したならば、将来における機械工業の成功を目指す強力なる競争者としてわれわれの目前に登場するであろう」

これはまさに今日の日米関係、ハイテク競争や貿易摩擦を暗示するもので、ペリーの洞察力は百四十年後の日本を的確に見抜いていたのです。

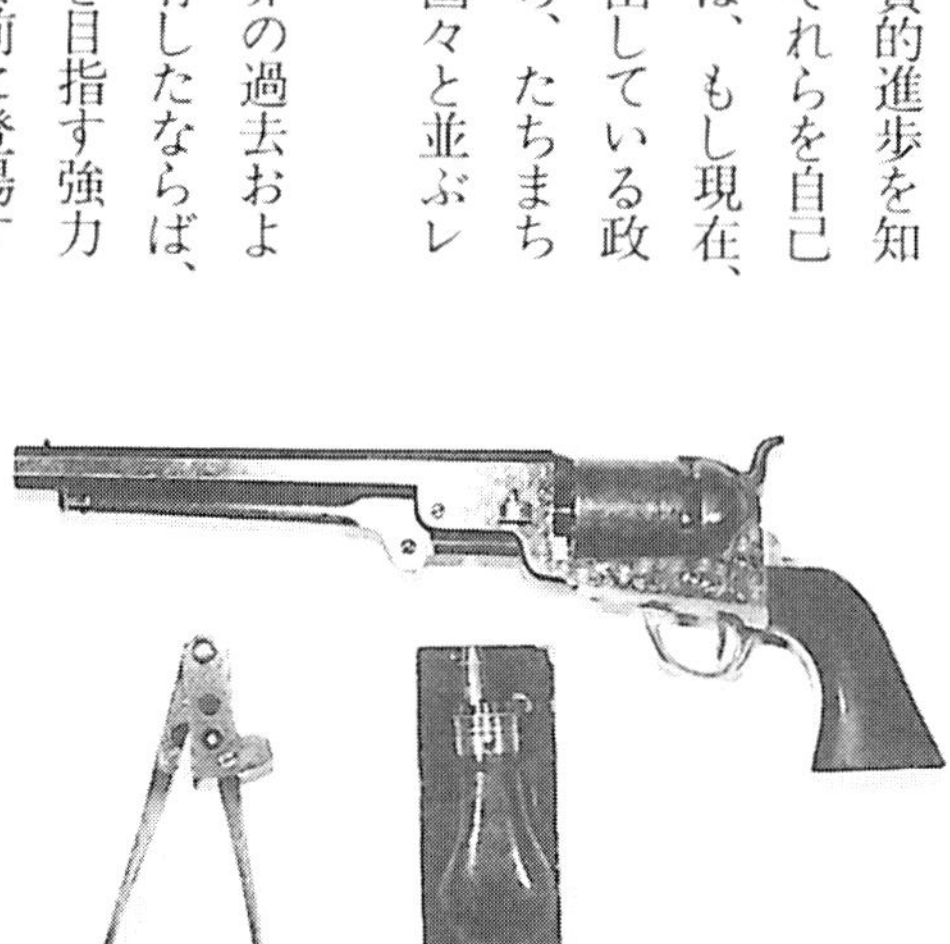

（写真④）ペリーのピストル。安政年間、中澤晃敬が製作したコルトネービー型拳銃。コルト社製をはるかにしのぐ完成度である。火薬入れ。弾丸型も同作。桜花彫刻入り（澤田コレクション）

佐久間象山（一八一一～六四）

幕末、信州松代《まつしろ》藩の藩士であり、洋学者として活躍した佐久間象山《さくまぞうざん》は、もともと儒学者でした。

文化や学問において先進国に見えた中国が、ただ歴史が古いだけで広い国土と溢れる国民をもて余す脆弱《ぜいじゃく》な国家であったことを阿片《あへん》戦争で知り、彼は衝撃を受けます。

彼の目は直ちに西洋に向けられたのです。オランダ語を学習することによって西洋砲術を習得しようとしました。国防意識に目覚めた象山は西洋流砲術家として、そして造砲家として藩も幕府も高く評価するところとなったのです。

ヨーロッパの兵学、特に築城技術の一端に銃手が身を隠すための塹壕《ざんごう》の構築法があります。スコップを使って手掘りの塹壕を構築する方法に代えて、地雷に点火して瞬時に地面を破砕する方法です。そして地雷の起爆装置にダニエル電池による電気点火法があり、象山は砲術兵学の分野においてダニエル電池の製作に取り組み、試行錯誤の苦心を重ねました。

しかし象山は六年間にもわたる研究の末に完成したダニエル電池を、兵学ではなく医学の分野で利用したのです。

万延元年（一八六〇）、象山はこの電池を電源として「瓦爾華尼衝動機《ガルハニセスコックマシーネ》」と呼ばれる電気治療機を製作しました。

文久二年（一八六二）、勝海舟《かつかいしゅう》の妹で象山のもとに嫁いでいた妻順子がコレラにかかり、象山は懸命に投薬看護をつづけましたが、容態は悪化するばかりでした。象山は自ら製作した「ガルハニセスコックマシーネ」がコレラにも効ありと蘭書にあったことを思い出し、直ちにこの治療機を使用して治療にあたったのです。この治療機によって危篤状態にあった順子の病状はたち

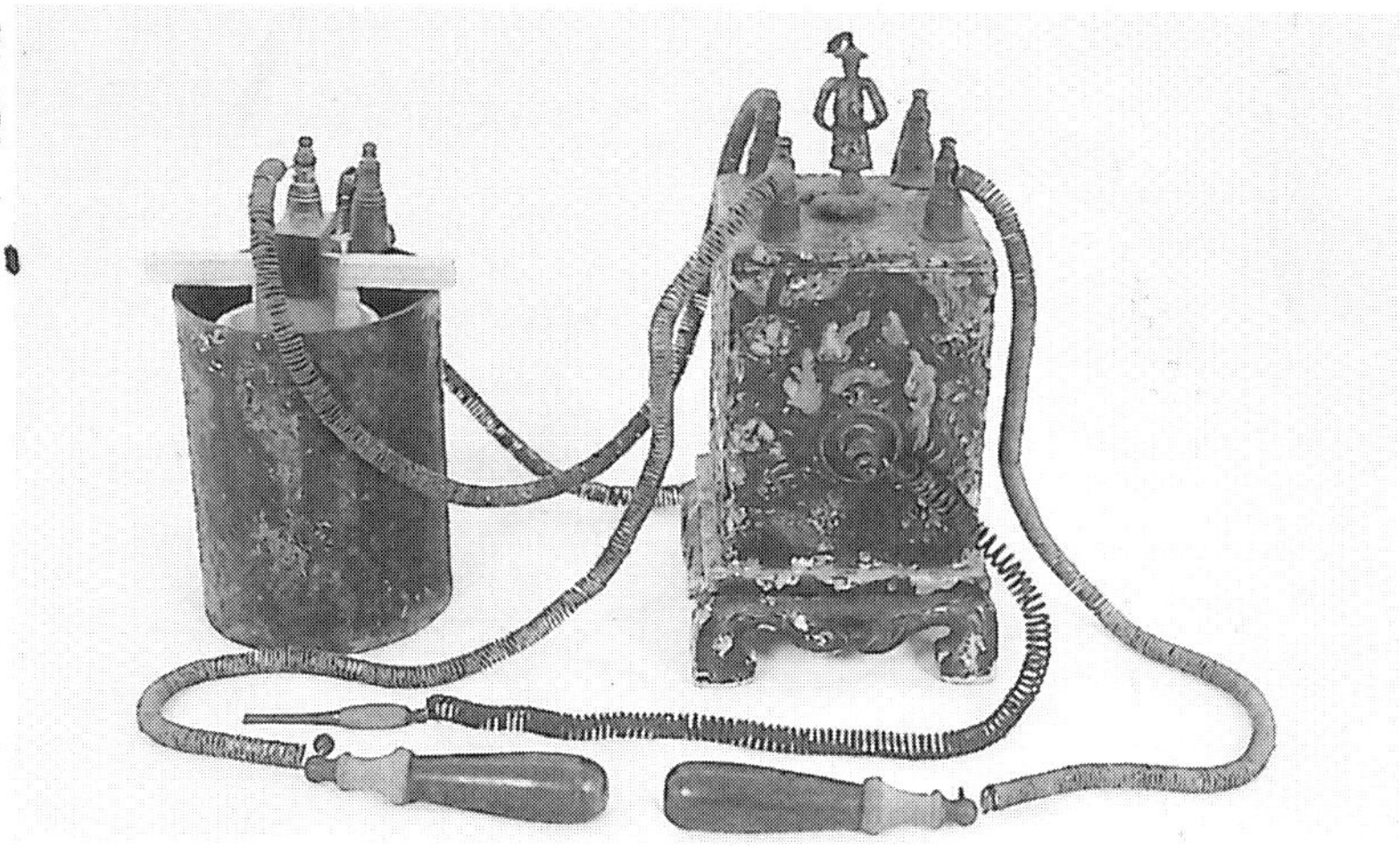

〔写真⑤〕象山作ガルハニセスコックマシーネ（澤田コレクション）

まち回復し、奇跡的に順子の命を救うことができました。

象山は義兄勝海舟に、克明な病状経過と電気治療機の使用法や効果を手紙に認《したた》めています。この手紙の内容は現在のカルテに相当するもので、治療の実態が医学的に説明されています。

順子が果たして真性のコレラ患者であったかの真疑は今日では確かめることができないのですが、当時死亡率七十パーセントであったこの伝染病が電気治療機のみで完治するとは思われないのです。しかし、少なくとも高熱などの劇症から併発した神経性運動障害などの症状には有効であったはずです。

意外なことには佐久間象山のこの電気治療機は、象山が歴史的有名人であることもあって広く世上に紹介されているのですが、過去に学術的な調査や解明はされていませんでした。そこで私が全国調査に着手しま

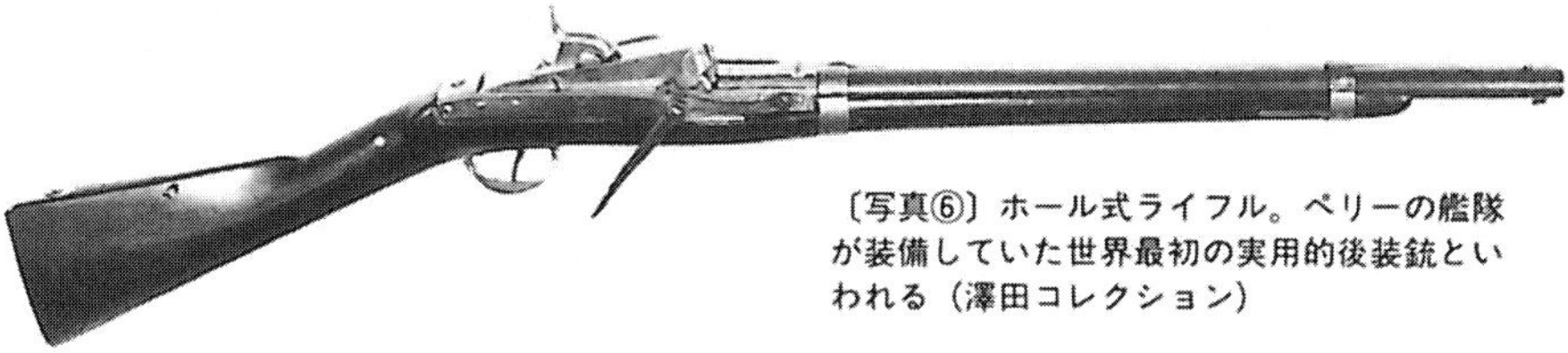

〔写真⑥〕ホール式ライフル。ペリーの艦隊が装備していた世界最初の実用的後装銃といわれる（澤田コレクション）

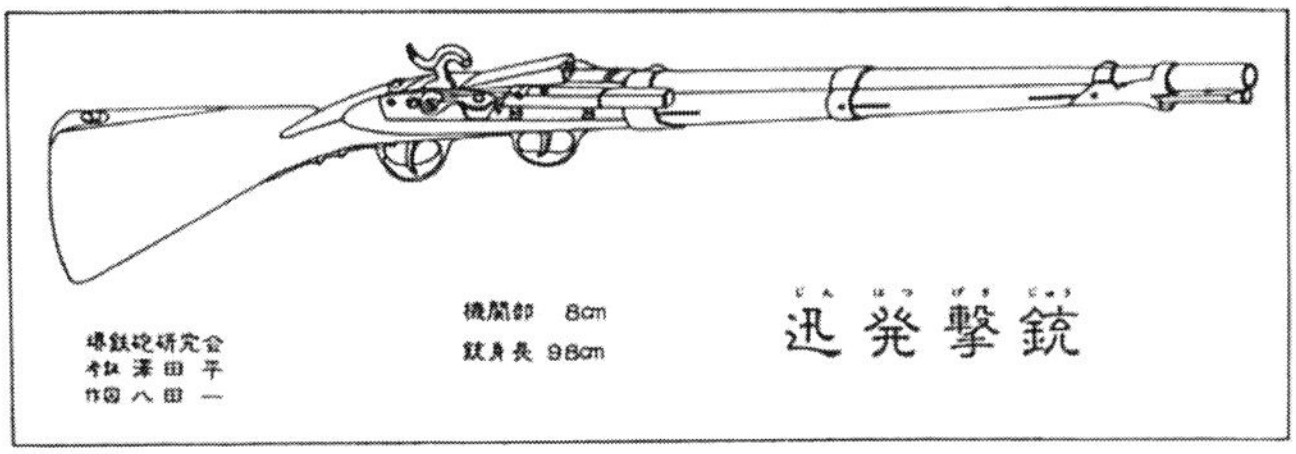

〔図①〕迅発撃銃。『迅発撃銃説』より立体復元した

すと、六台が確認され、その内の一台を入手することができました〔写真⑤〕。苦心の末、修理に成功し、象山電気治療機が充分に医学的効力を有することを臨床的に実験して検証することができたのです。

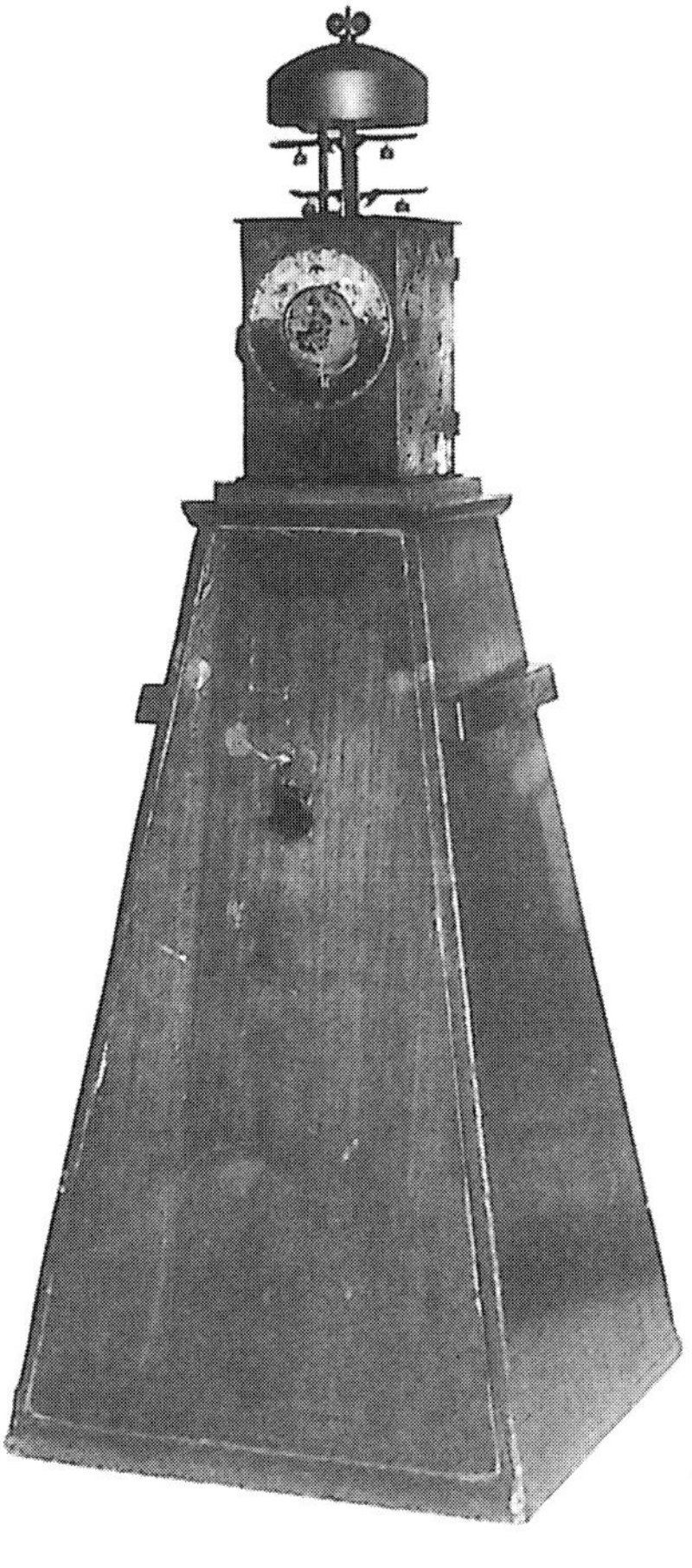

〔写真⑦〕象山愛用の世界地図文字盤つき二挺天符式櫓時計。佐久間家の家紋入り。上半分の昼間部分にはツバメが描かれ、夜間部分の下半分は七宝で色分けされ、月星が描かれている（東野氏旧蔵）

西洋学者であった象山でさえも不定時法社会では和時計を用いざるを得ないのですが、近年発見された象山愛用の櫓《やぐら》時計は文字盤に七宝《しっぽう》の世界地図がデザインされていて、彼の視野が広く世界に向けられていたことが偲ばれます〔写真⑦〕。

嘉永六年（一八五三）ペリーの艦隊が突如浦賀《うらが》へ姿を現した時、象山は藩命によって視察を命ぜられます。この折、象山はアメリカ水兵の手にするホール式ライフルを見たのです〔写真⑥〕。ホール式ライフルは世界最初の実用的後装銃として米艦に装備されていたのですが、象山は撃発機構を連発式に考案することで、このホール式ライフルをしのぐ性能をもつ「迅発撃銃」を開発し、『迅発撃銃図説』を著しました〔図①〕。

大野弁吉（一八〇一〜七〇）

享和元年（一八〇一）、京都の羽根細工師の家に生まれた大野弁吉《おおのべんきち》は、生来怜悧《れいり》で手先の器用な少年として育ちました。二十歳の頃、長崎に出て蘭学を学び、医術や物理化学、天文暦学や鉱山学までも身につけたといわれます。さらに朝鮮・対馬《つしま》にまで外遊し、帰国後は紀州で砲術・馬術・柔術など武道を体得、文武両道に長けたスーパーマンに成長したということです。しかし弁吉の実像については何もよく分かっていないのが実状でしょう。

文武に秀でて非凡な知識と技術をもつ科学者となった弁吉は、中村屋の入婿となり、中村弁吉と名のりました。弁吉は天保二年（一八三一）に妻の出身地である加賀国石川郡大野《おおの》村を訪れ、ここを生涯の永住地としました。

彼は絵を描き、よく彫りものをして、蒔《まき》絵《え》や陶磁器、ガラス細工、さまざまなカラクリ、天文具やエレキテル、鉄砲や大砲、写真機やライターまでも研究、製作したとされ、北陸地方には弁吉作といわれる数多くの作品が見られます。

弁吉の生涯において大きく関わった人物に、同じ加賀金石《かないわ》の豪商・銭屋五兵衛があります。発明家としての弁吉の言葉に

「知と銭と閑《ひま》の三つが備わなければ、一物たりとも新たに究理発明することはできない」

とあり、少なくとも銭屋の経済力によって強力な援助を受けたのには間違いありません。弁吉のいう「銭」とは、文字通りスポンサーである銭屋を指したのでしょうか。

銭屋五兵衛は安永二年（一七七三）に金石で生れ、嘉永五年に獄死という非業の最期を遂げていますが、八十歳の長寿でもありました。五兵衛はたくさんの北前《きたまえ》千石船を所有して海運業者として財をなし、北陸を代表する豪商として知られるようになります。海運業以外にも土地の買占めや美術品諸道具の売買、新田の開発などバブル事業を想わせる事業欲を見せます。同時に密貿易もおこなっていた疑いもありました。

北陸の当代一の大財閥となった五兵衛と弁吉の関係は二十年も続き、この間に五兵衛のために弁吉は数多くの作品を製作したとされるのです。

河北潟《かほくがた》開発に際して、五兵衛は毒物を流したという疑いをかけられ投獄されます。八十歳の高齢では不衛生極まる牢獄生活には耐えられません。獄死によって銭屋の家産は没収され、バブルはもろくも崩壊したのです。

金沢市金石の銭五遺品館には銭屋五兵衛関係の資料と共に弁吉作とされる作品が展示されています。また石川県立博物館や江戸東京博物館にも飛び蛙や量程器、エレキ

テル、無尽燈《むじんとう》、測量器などが弁吉作と称して展示されています。

　弁吉の作品とされるものには茶汲み人形や酒買い人形、飛び蛙などのカラクリ玩具から発火ライター、量程器、自動噴水機、電気治療機、鉄砲、大砲、時計、写真機、測量器具、無尽燈などの実用的科学製品まででにおよび、その数はとどまるところがありません。「加賀の平賀源内」であるとか「北陸のエヂソン」と評される所以です。

　弁吉の作品といわれる資料を丹念に鑑別しますと、測量具など一部を除いて間違いなく弁吉の作品であると断定できるものはほとんどありません。明らかに外国製品の

〔写真⑧〕一東こと大野村中村屋弁吉の写真肖像と伝えられるが確証はない

〔写真⑨〕「一東視窮録」見返しの一部

ものもあり、弁吉とは全く関係のないもの、時代的に合致しないもの、現代の後補によって復元されたものなど疑わしい資料ばかりです〔写真⑩⑪〕。大野弁吉をいやが上にも天才科学者に祭り上げ、理由もなくさまざまな作品を弁吉作と決めつける根拠はいったいどこにあるのでしょうか。

それは弁吉の自筆書とされる『一束視窮《いっとうしきゅう》録《ろく》』一巻にあるのです。この一巻にはカラクリ人形などの玩具から医学、理化学、機械工学的な作品が数多く図示されており、その製法や使用法も述べられています。幕末期のあらゆる分野の科学知識が『視窮録』の中に見られ、その博学ぶりに驚かされます。しかしよく観察しますと、どこかで見たような図や説明が各所にあって一瞬

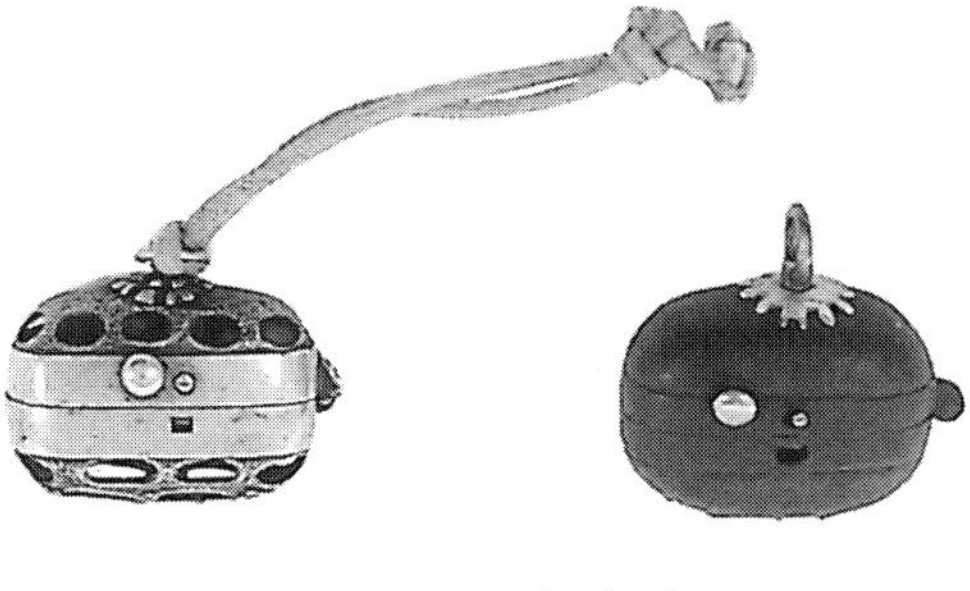

江戸時代のライター（鉄砲火打ち）

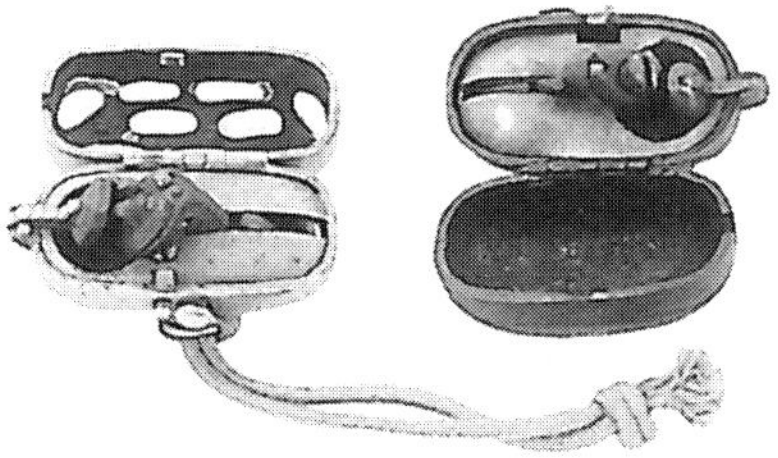

「視窮録」中の鉄砲火打ち図

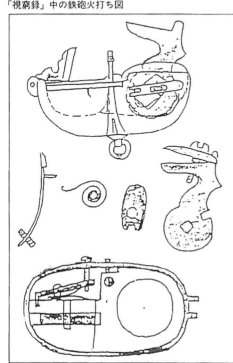

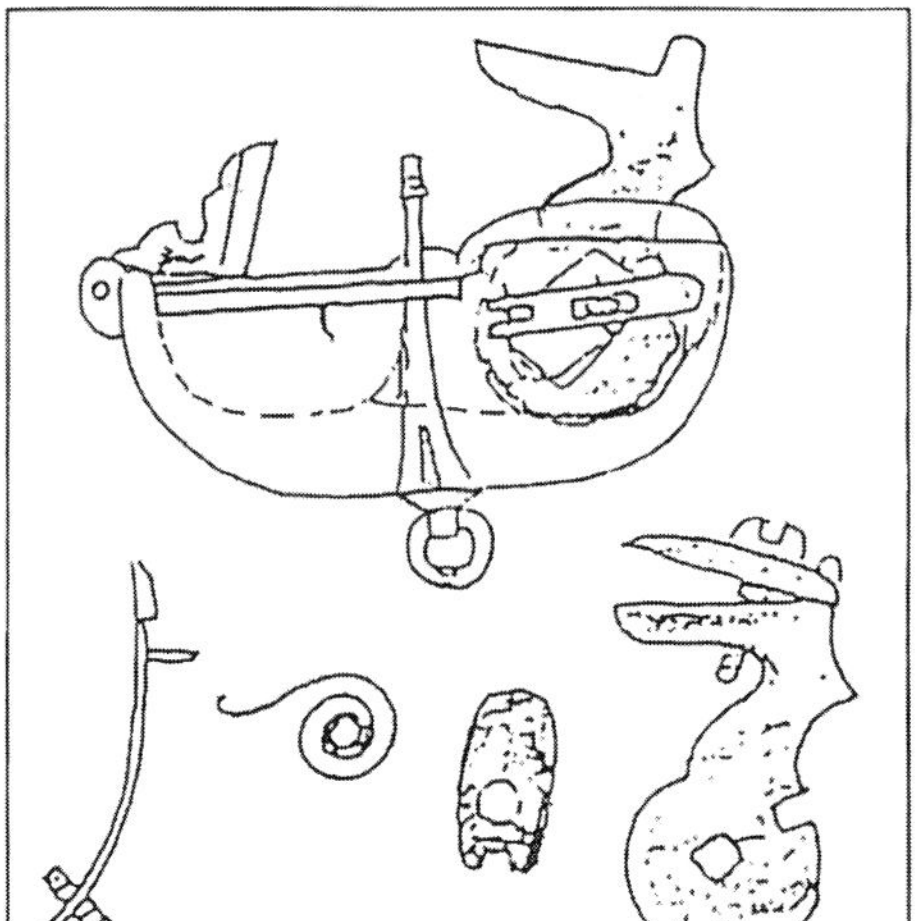

〔写真⑩〕弁吉作といわれるが、根付として主に刀装金工師の余技として製作されたもので、弁吉はただ写図しただけではなかろうか

〔写真⑪〕機巧三番叟人形。弁吉作といわれるが果たして？

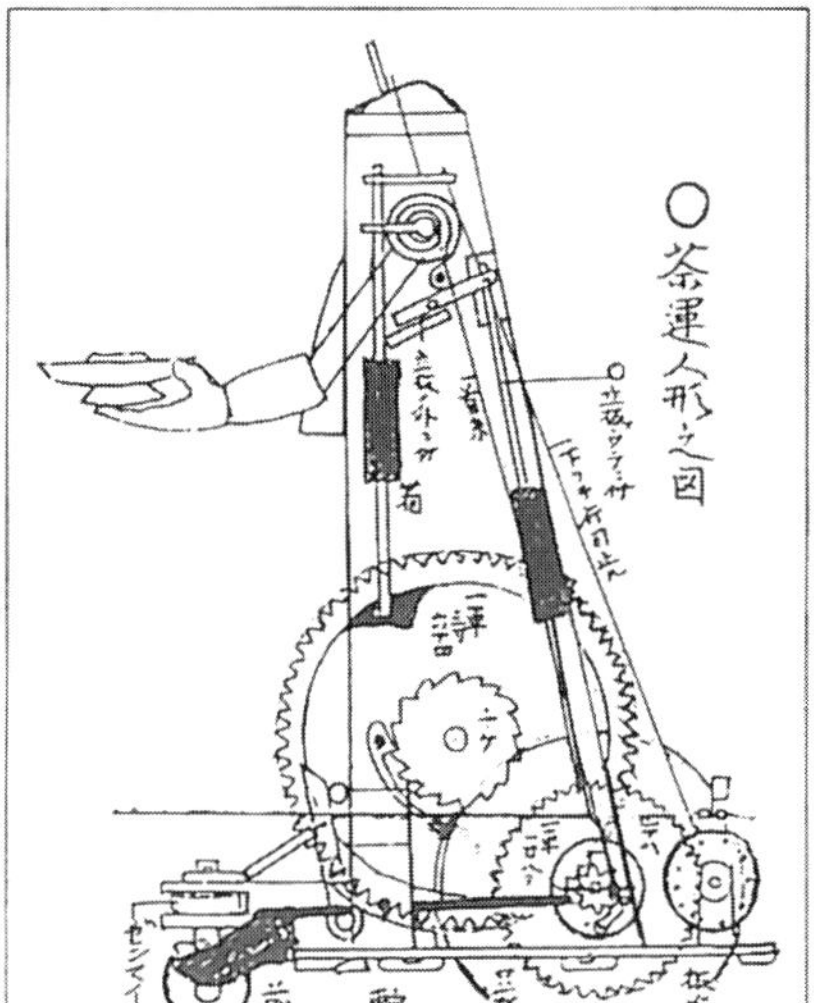

オヤオヤ？　と思わせられます〔写真⑨〕。『視窮録』には時計も銃砲も描かれています。掛時計については、細川半蔵《ほそかわはんぞう》の『機巧図彙』が写し取られています。カノン砲の図は藤井三郎の『舶砲新編図』が丸写しされています。

舎密術《せいみじゅつ》（化学）に関する部分が多いのは、宇田川榕菴の『舎密開宗』から、図の一部には同じく榕菴の『遠西医方名物考』から写しかえただけのものであるからです。

エレキテルや時計、望遠鏡、測量具、写真機などすべて原本原典が他にあり、一東こと大野弁吉がただ丹念に写し取ったものなのです。『視窮録』を弁吉の旺盛な学習意欲と見るか、いつか自作するためのメモであるとするかは別としても、『視窮録』に記載されているものすべてが弁吉によって製作されたとするのは正しくありません。

また『視窮録』を弁吉の発明品や創意工夫の自筆著書として認め、日本のレオナルド・ダ・ビンチなどとまで褒《ほ》めそやすのはいかがなものでしょうか。

カラクリ師であった弁吉が、時計と銃砲がカラクリの基幹をなすものであると認識していたことは、『視窮録』を読むと分かります。この点は高く評価せねばなりません。

XII 和時計の終焉

壬申（明治五年）の太政官布告によって、太陽暦が採用された。西欧の定時法時刻制度の公式使用により、和時計の使命は終わったのである。そして和銃もまた同じ運命を辿ってゆく……。しかし老兵たちは死なず、ただ消え去るのみ——。

携帯用和時計

和時計と和銃、これは日本独特の時計と鉄砲ということなのですが、いずれも元はヨーロッパからもたらされたヨーロッパの産物であることは前回までに申し述べました。

和時計の歴史を知るために和銃の研究というフィルターを通したことは、この二つに共通性・類似性が存在するためですが、これらと同時に伝来したものに精神文化としてのキリスト教がありました。

日本における初期の機械時計の製作とその技術習得の場が、キリスト教会と教学施設としてのコレジヨやゼミナリヨ（神学校）であったことは容易に想像できます。しかし、このキリスト教がもたらす害悪を予感して布教を禁じようとしたのは徳川幕府だけではありませんでした。

異教を恐れて国を閉ざした鎖国の時代を、ポルトガル船の来航を禁じた寛永十六年（一六三九）から安政六年（一八五九）の開国までとすれば二百二十年間ということになります。ところが、それ以前の慶長十九年（一六一四）にもすでにキリスト教は禁止され、宣教師や信者の国外追放、教会施設の破却は決定されていたのです。

この二世紀余の鎖国の時代を西欧の科学文明の発達に背を向けたわが国の暗黒時代、少なくとも時計技術史上の暗黒時代であるとする研究者がいます。西欧における正確な機械時計の開発という歴史は、より優れた調速機と脱進機の発明ということにありました。

一六五八年クリスチャン・ホイヘンスの振子時計、同じく一六七五年の円天符《てんぷ》と天符用コイルバネの採用、一六七一年ウイリアム・クレメントのアンクル（錨形）脱進機、一七一五年ジョージ・グレアムの直進式脱進機、同じく一七二一年シリンダー脱進機、一七五四年トマス・マッジのレバー脱進機とつづき、振子も一七二六年ジョージ・グレアムの水銀補正振子、一七三五年

〔図①〕

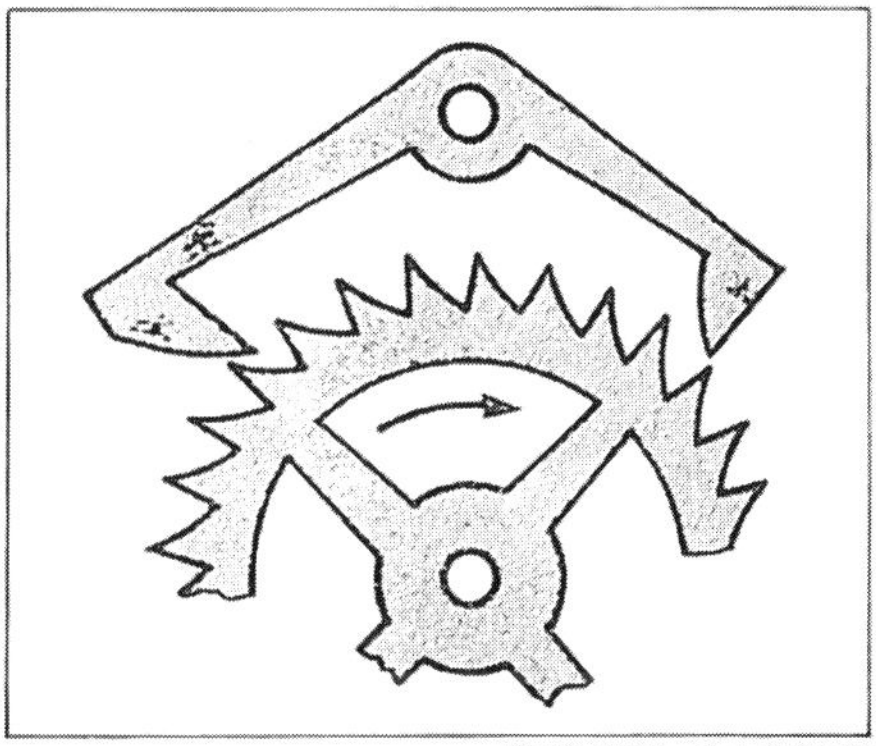

退却式アンクル脱進機

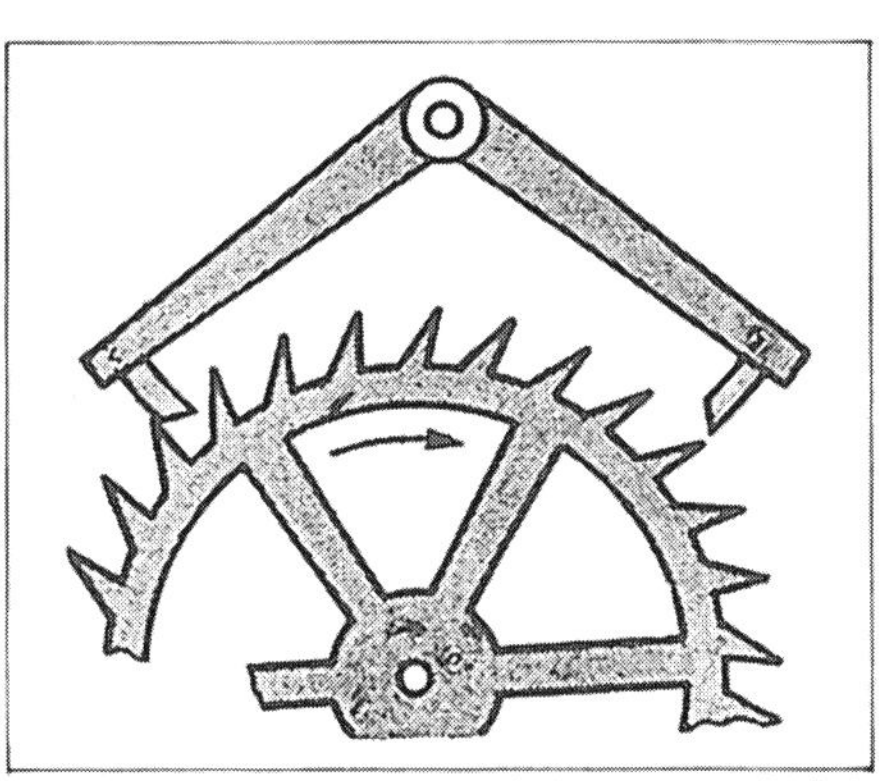

直進式アンクル脱進機

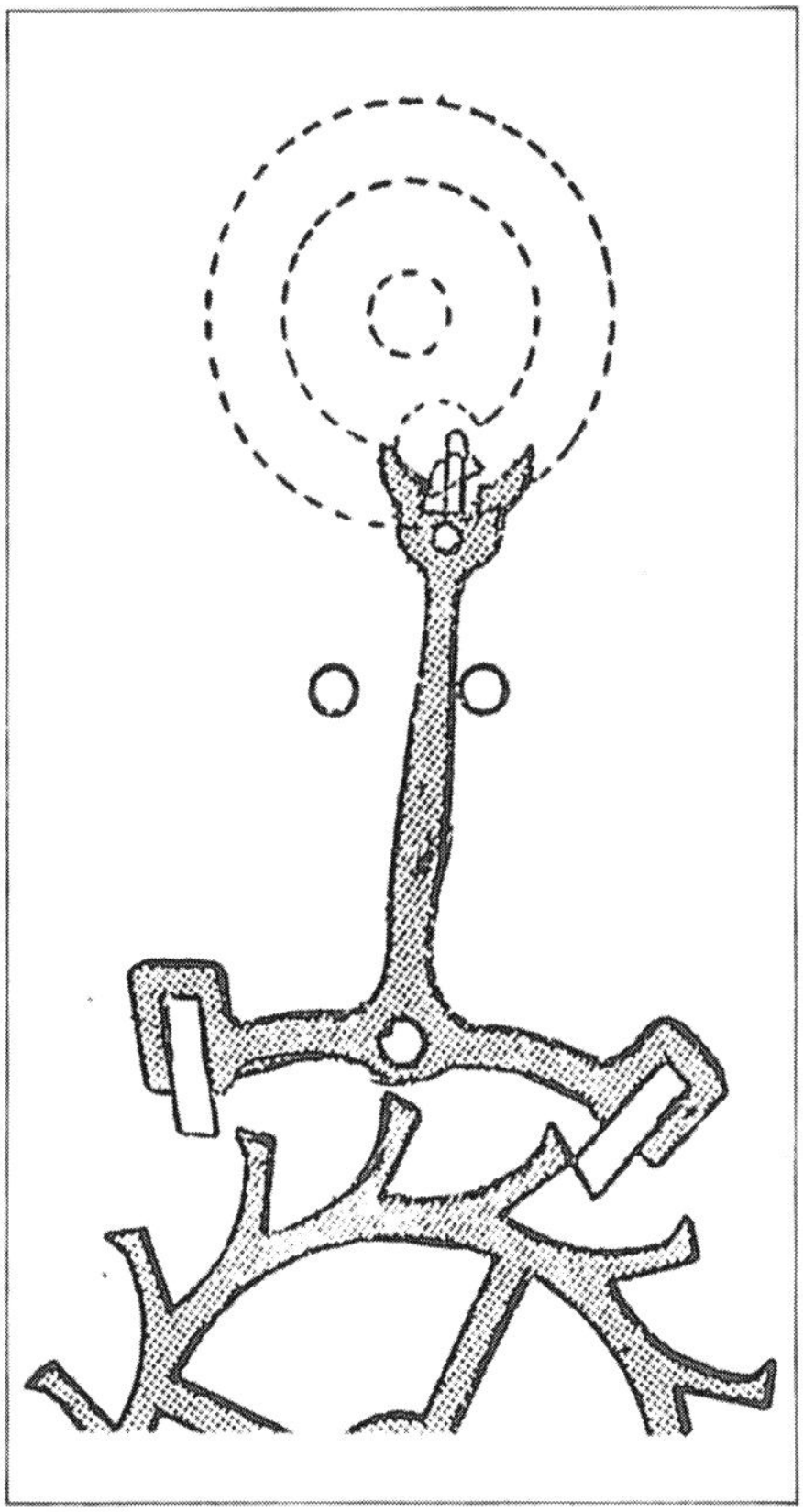

レバー脱進機

ジョン・ハリソンの二重金属簀ノ子《すのこ》形補正振子の発明など機械時計の黄金時代が到来します〈図①〉。

また、振子が用をなさない移動用時計としてマリン・クロノメーターの発達を見ましたが、それが携帯用時計としての懐中時計や腕時計にまで発展するのです。

和時計の歴史を説くためにキリスト教をもち出したのはこの点にあります。切支丹《キリシタン》を恐れての禁教鎖国がヨーロッパの科学的発展からの立ち遅れとなり、造船技術や航海術の進歩を停止させることになったのです。

当然、クロノメーターといえるほどの和時計はありません。わが国の船時計は船舶航行用の計器というより単なる船中生活用の和時計にすぎなかったのです。そしてこの船時計にさえ外国製時計の部品が組み込まれていたのです。

また、船時計の他にも、時には西欧の力を再び借りて時計を小型化しようとする努力がなされていました。

印籠時計

印籠《いんろう》とは文字通りに理解すれば、印判や印肉を入れる容器のことであり、鎌倉時代に中国から伝来しました。かの地では、これを三段から五段ほどの小さな重ね箱にして、携帯用の印鑑入れとしたものでしょう。

わが国では慶長（一五九六〜一六一五）頃から印籠を提げものとして、腰に吊す風俗が確認されています。

同時に鉄砲口火薬入れやタバコ入れなどがよく似た形態で腰帯に吊されていました。

通常、印籠は扁平な長方形のものが多く、素材も種々ありますが、木製漆《うるし》塗のものが一般的です。しぼ皮張りや金銀高蒔絵《たかまきえ》、黒《こく》檀《たん》や紫檀《したん》など豪華な作品も多く、洒落《しゃれ》・

粋《いき》・伊達《だて》といったファッショナブルな男のアクセサリーであったのです。

しかしわが国では印判を入れることはなく、実際は医薬入れとして用いられていました。この点において、むしろ薬籠とでも呼ぶべきではなかったかと思います。

この印籠に時計を仕込んで携帯用としたものが印籠時計です〔口絵七頁・写真①〕。

機械部は上部の蓋を開けてすべり込ませてあるので出し入れは容易です。もちろん

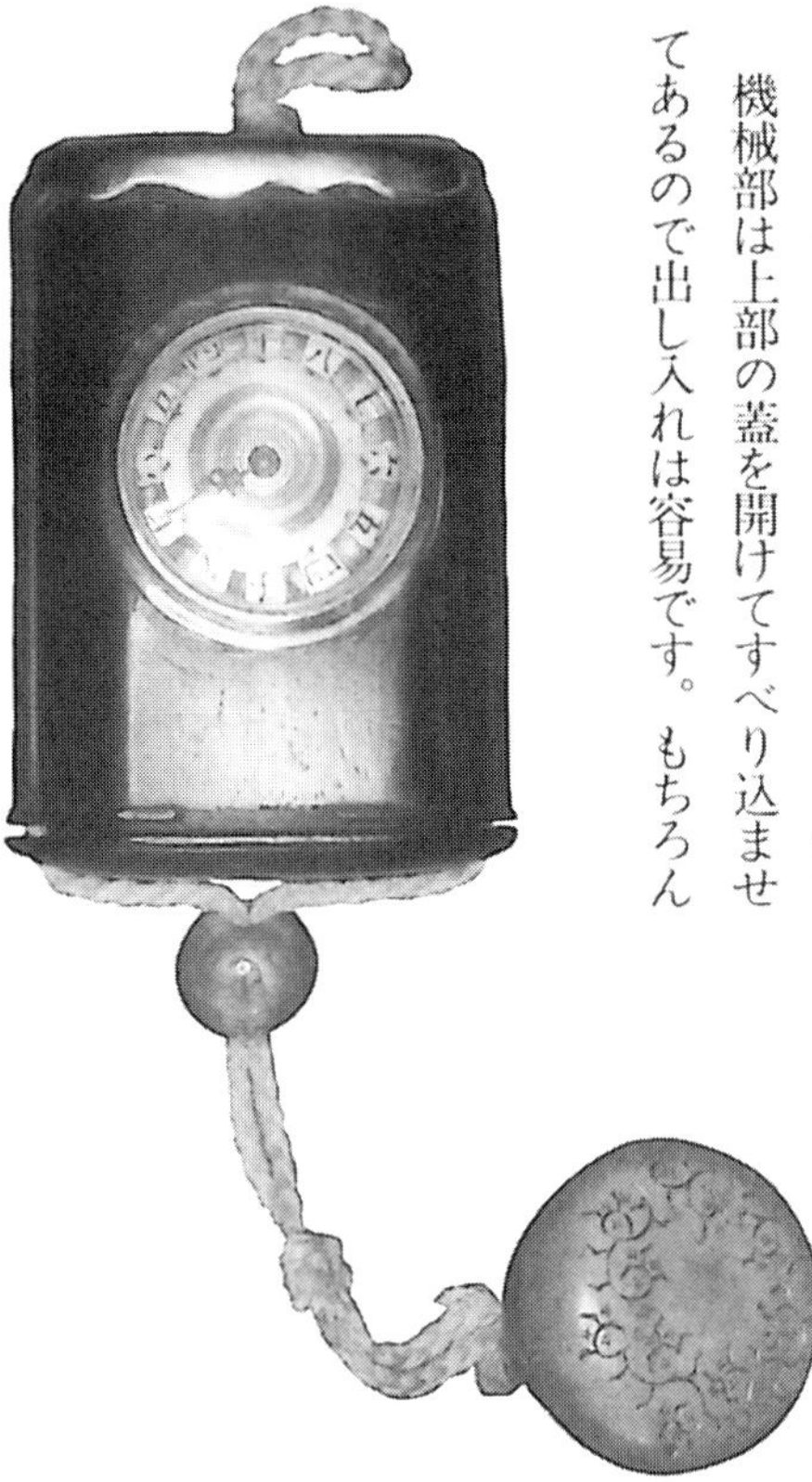

〔写真①〕紫檀製印籠時計

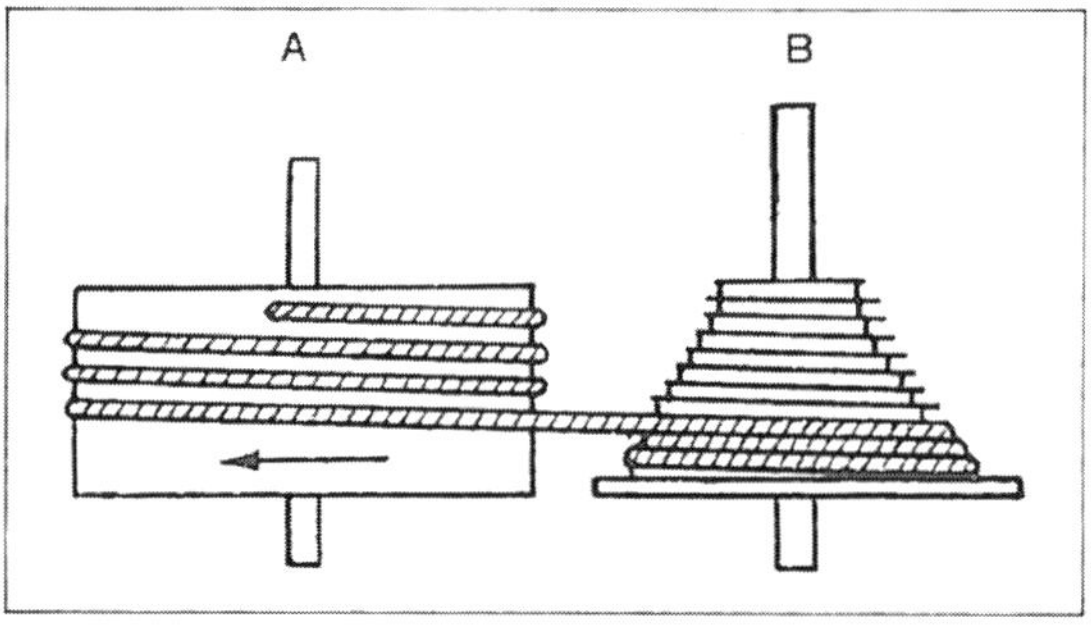

A：香箱。コイルスプリングが入っていて外周が捲き取りドラムとなる

B：蝸牛型円錐均力車（フュージ）

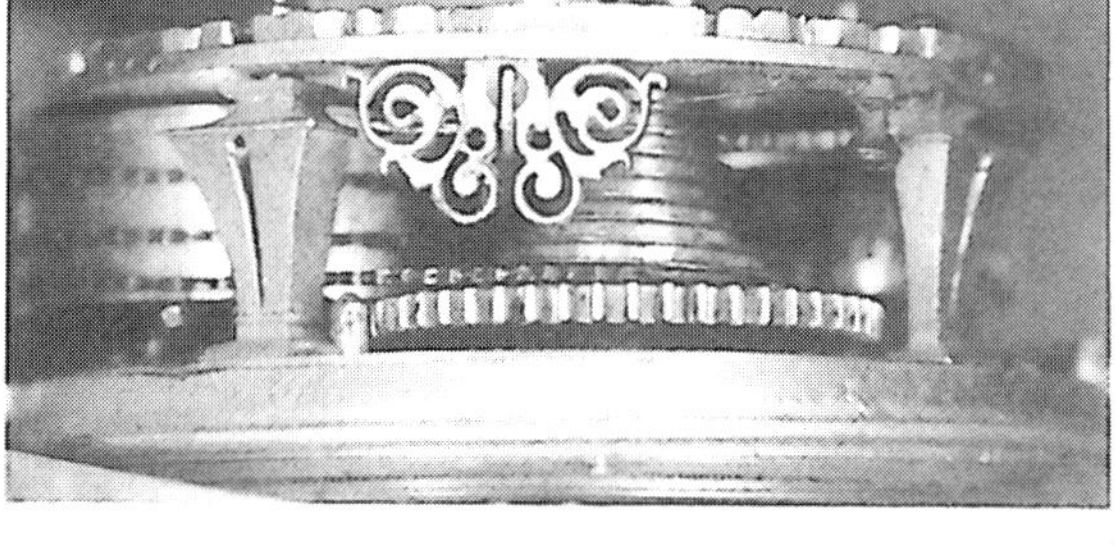

〔写真②〕フュージ式チェーン引き印籠時計の機械部

ぜんまい駆動ですが、外国製の懐中時計を改造して利用したものや純日本製のものなどいろいろあります。

ヨーロッパ製の懐中時計を利用したものは「鍵捲きチェーン引き」が主で、示針は一日に二回転するため、最終の輪列の歯車を変換するなどして一日一回転に修整されています。

動力源となるぜんまいは捲き上げた直後は力強く、早く回るのですが、ぜんまいがほどけるにしたがって出力は弱まり回転速度が遅くなっていきます。

これを解決するために蝸牛《かたつむり》型円錐均力車（フュージ）を使用したものもあり、ただの円筒だけのものもあり、フュージには鎖が、円筒には三味線糸が捲かれ、それぞれチェーン引き、糸引きと呼ばれています〔写真②〕。

純日本製の機械部はよくできてはいますが、部品数も少なく正確さには欠けると思われます。

もちろん時盤（えと車）は割駒式で、季節の変動にしたがって機械部を取り出し、ピンセットか爪楊枝《つまようじ》のようなもので数字の駒の位置を移動させます。

ぜんまいは裏面の鍵穴のところから容易に捲き上げることができるようになっています。

印籠時計は洒落た根付《ねつけ》を緒紐の上端につけ、緒締めで蓋の開閉を調節し、蓋裏には鍵が収納されています。

高価な商品である印籠時計を腰にする姿は、まさに高貴人としてのステイタスシンボルだったのです。

饅頭時計（懐中時計）

ヨーロッパ製の鍵捲きチェーン引き懐中時計は、十八世紀後半頃、ずいぶん製作さ

〔写真③〕饅頭時計

れたようです。

わが国にも相当数が舶来した様子ですが、定時法時計であるため、そのままでは使用できません。示針に達する最後の歯車の輪列の歯数を変換することによって、一日に二回転したものを一回転に修整し、時盤は印籠時計と同じような割駒式にします。

饅頭《まんじゅう》時計とは、この時計が二重のケースに入れられていて全体の形が「おまんじゅう」に似ていることに由来するのですが、文字盤に嵌《は》められたガラスも大きく盛り上がったレンズ状です。

時盤部分の空間が広いため、割駒式の厚味のある時盤を取りつけることも容易です。

機械部は繊細な透かし彫りが施され、フュージや香箱《こうばこ》、円天符や旧式の冠形脱進機の動きがひと目で見られるまでに取り出すことができます。

そこには鍍金《メッキ》が施され、黄金色にまばゆいばかりですが、二重のケースも金銀製であることが多いのです〔写真③〕。

　トランジスター方式のポケットラジオから始まって、ポケットに入るほどの極小テレビやビデオ、ステレオのオーディオ製品まで「ウォークマン云々」と称して開発した今日の日本人の技術を「縮みの文化」と評した人がいます。

　しかし江戸時代の時計師たちは、ヨーロッパ並みの精密小型時計を作ることはできず、技術的限界の外にあることを知っていました。そのために外国製時計の一部あるいは全部を利用して小型化する安易な道を選んだのです。

　饅頭時計は旧式冠形脱進機を使用し、フュージやチェーンを用いているため、これを引くぜんまい入りの香箱も捲き取りドラムとして幅広でなければなりません。このために機械の厚みは大となり、さらに二重ケースですので丸くどっしりとしたものになります。しかし示針は一日一回転で十二刻を示すのですから、正確な時刻を知り得る時計ではあり得ないのです。

　外ケースを開き、時計本体を取り出して、裏蓋の穴から鍵を差し込み、チェーンを捲き上げます。ガラス蓋も簡単に開き、文字盤を動かして不定時調整をします。裏蓋を開ければ示針も動かせます。

　同時に美術品のように彫刻で飾られた機械部も全姿を現します。キラキラと輝きコチコチと可憐な音を刻みながら動く、美しい機械を眺めて楽しむ持主の幸せそうな表情が目に見えるようです。

卦算時計

　易占に用いる用具に筮竹《ぜいちく》や算木《さんぎ》と呼ばれるものがあります。その算木に形が似ている時計が卦算《けさん》時計です。

　算木は細長い長方形の形をしていますが、

卦算時計の大きさは手のひらに収まるような小さいものから羊羹《ようかん》ほどの大きさのものまであります。書家や文人が文鎮代わりにも利用したことから、文鎮時計とも呼ばれていました。

その基本的な外観や機構は、示針および割駒式文字盤のシステムにおいて尺《しゃく》時計が発展したもので、わが国独自の発想によるものです。

重錘《おもり》を駆動力とする直立型の尺時計と違い、台上に横に倒して置く卦算時計に重錘は使えませんので、当然ぜんまい駆動でなければなりません。

また棒天符も使用できませんので円形天符が採用されています。

脱進機に冠形脱進機を用いたこともあったのですが、シリンダーやアンクル脱進機もよく使われていました。

ぜんまいを動力とするため均力車を用いているものもあります〔写真④⑤〕が、単

〔写真④〕円形文字盤卦算時計（小田幸子編「セイコー時計資料館・和時計図録」より）

〔写真⑤〕フュージ式糸引き

なる円径のドラムに三味線糸を捲き込むものが多いのです。また、示針が糸につけられて尺時計のように直線的に移動するのであれば、フュージ機構はかえって不都合となります〔図②・写真⑥〕。

しかし均力車を用いないとすれば、調速機や脱進機が優れていなければなりません。そのため卦算時計は外国には見られない独特の形態形式でありながら、その機構の各所に外国製携帯用時計のムーブメントを利用していることがあります。

しかし、卦算時計は印籠時計や懐中時計よりも大型であるだけに、香箱や均力車、天符や脱進機にいたるまで、先進的な機構をすべて手作りで完成した純日本製の国産時計が多く見られます。

学者や文化人が好んだであろう卦算時計は、インテリジェンスなムードに包まれたユニークなわが国独自の机上時計であったのです。

〔図②〕尺時計式割駒卦算時計

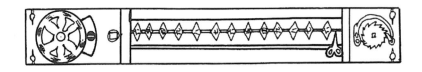

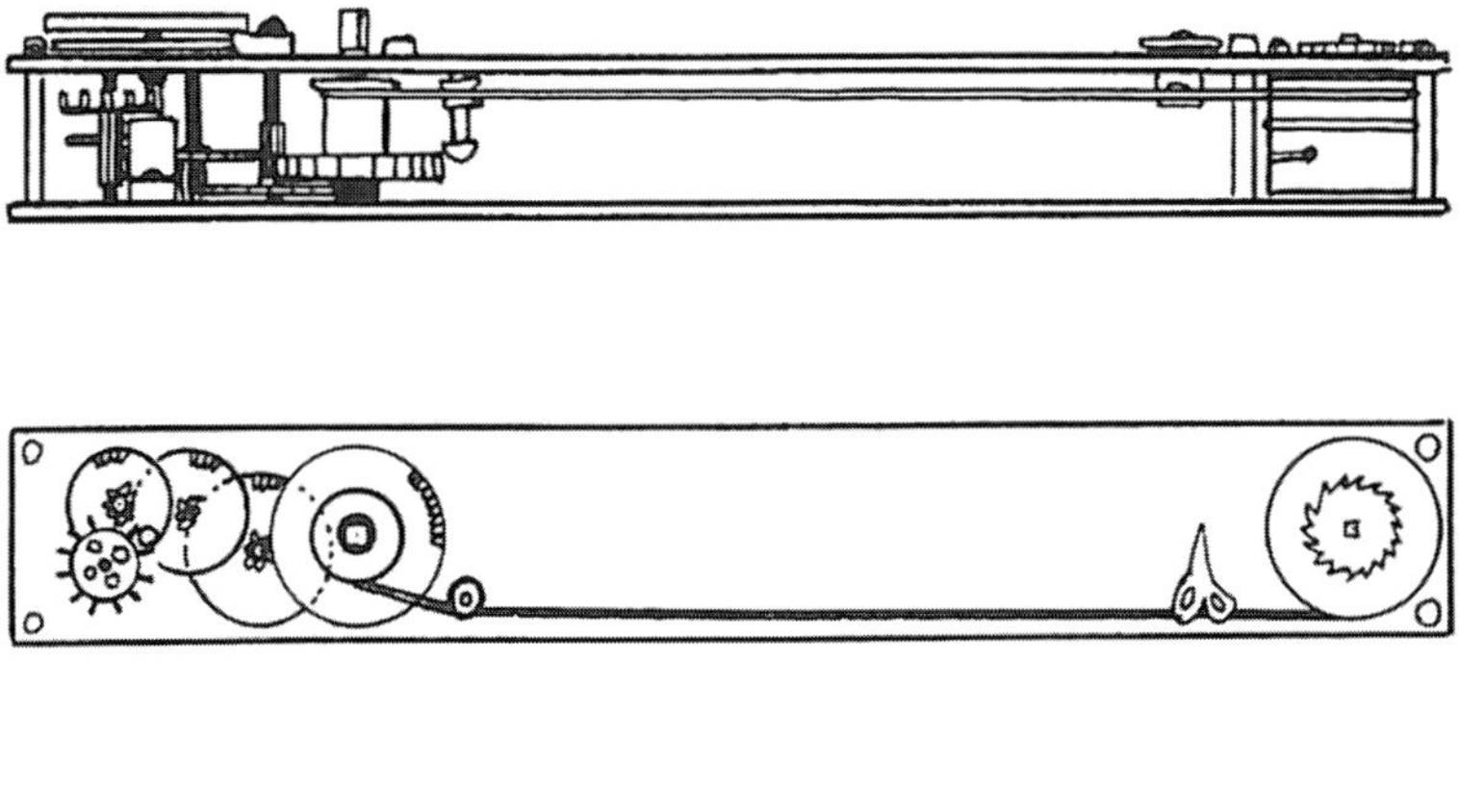

〔写真⑥〕ドラム式糸引き

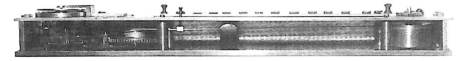

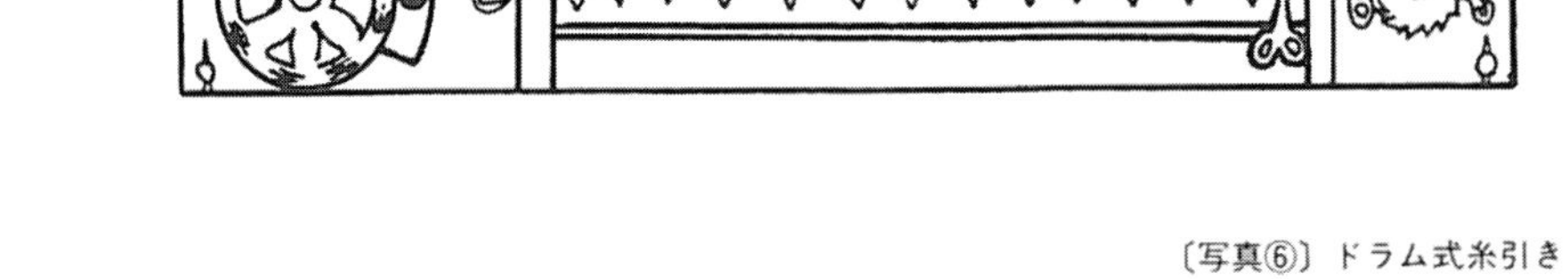

壬申の太政官布告

明治五年（一八七二）十一月十九日、明治新政府は改暦の太政官通達を公布しました。明治五年十二月三日を新暦（太陽暦）による明治六年一月一日とするというのです。時刻制度も次のように改められました。

一、時刻の儀、これまで昼夜長短に随がい十二時に相い分かち候ところ、今後改めて時辰の儀、時刻昼夜平分二十四時に定め、子刻より午刻までを十二時に分かち、午前幾時と称し、午刻より子刻までを十二時に分かち午後幾時ととなえ候事。

一、時鐘の儀、来る一月一日より右時刻に致すべき事。但これまで時辰の儀、時刻を何字と唱えき候ところ、以後何時と称うべき事。

国家として時刻制度が初めて法文によって法制化されたのです。

永い間、わが国は世界にも希な不定時法社会を維持して来ました。そして驚くべきことには、日本人の日々の生活を規制していたこれまでの時刻制度については、国法として制度化された一片の条文も見出すことはできなかったのです。

このため旧暦の明治五年十二月は、たった二日間で終わりました。月給制の報酬に甘んじていた新政府の官吏たちは、二日間でも一カ月は一カ月であるとして、十二月分の月給を満額で要求したとのことです。

それにしても明治六年一月一日は世界の時刻制度に仲間入りした記念すべき日です。永い徳川時代の鎖国の夢から覚め、急速に西欧の文明を吸収するためには、避けては通れぬ国際化の第一歩でもあったのです。

この日をもって不定時法時計である和時計の使命は終わりました。そして安価で正確な外国製のボンボン時計が大量に輸入され始めました。

和時計は無用の長物となり、その動きを停止したのです。和時計の終焉、それは無惨なものでした。廃棄されたり、蔵や物置きの隅に押し込まれて、埃《ほこり》にまみれて忘られていったのです。

工芸美術品としても優れ、大名時計とまで呼ばれた高価で豪華な道具も、それが実用品であったばかりに実用から離脱すると運命は哀れです。

古物商の店頭に並べられた役立たずの和時計に日本人は見向きもしませんでした。

堕ちた偶像と化した和時計に注目したのは外国人だったのです。

その素晴らしい着想、ユニークなメカニズム、複雑怪奇な不定時法の時を刻むエキゾチシズム、そして気が遠くなるような綿密な手仕事で完成した工芸技法など、洗練された欧米人の目にも驚嘆に値する芸術的作品であったのです。

シーボルト（一七九六～一八六六）

かつてオランダ商館の商館長が和時計に心を奪われて、帰国の際に本国へもち帰ろうとします。しかし、平均的なごく普通の和時計でさえ高価すぎて購入することができず、涙をのんであきらめたと述べています。高い収入を得ていたであろう商館長でさえ、ついに手に入れることができなかったのです。しかし、例外もあります。

文政六年（一八二三）オランダ商館付医官として来日したドイツ人医師、フィリップ・フランツ・フォン・シーボルトは医学者であると同時に博物学者でもありました〔写真⑦〕。

シーボルトは医療活動を通じて出島以外での行動の自由を得ていましたが、文政九年、オランダ商館長が将軍拝謁のため江戸へ参府した時も同行しています。この旅行で日本列島を縦断しつつ、シーボルトは日本の博物学的資料や美術工芸品、文献資料を収集しました。

　こうした日本関係の膨大な資料は、現在オランダのライデン国立民族学博物館で保存され、その総数は八千点を超えています。これら日本学コレクションの中には、すでに日本国内にはない資料も多く、特に一群の和時計コレクションには目を見張るものがあります。

〔写真⑦〕フィリップ・フランツ・フォン・シーボルト

　それではシーボルトはどのような方法で、これら多数の高価な和時計を入手したのでしょうか。

　シーボルトは蘭学を学ぶ一流の日本人学者と交わることで日本学を修め、またオランダ語学、西洋医学、博物学などを教授していました。

　この教授の代償としてシーボルトは望む品を要求し、ついには禁制の品をも入手したために日本を追放されることになったのです。和時計もそのような方法で入手したのかもしれません。

　幕末維新を経て、文明開化の道をひたすら走り始めた日本は、外貨獲得のために不要となった古美術品を外国へ売り渡します。浮世絵や漆芸品《しつげい》、仏像や陶芸品など貴重な文化財が、安値で海外へ大量に流出したのですが、和時計もまた同じ運命だったのです。

　質の良い和時計は日本国内よりも欧米に

おいてより多く発見されています。そのため和時計の研究は外国人が成果を挙げており、和時計の価値も外国人の方が強く認めているのです。

唐行きさん

海外へ渡った和時計の中には付加価値を高めるために華美な装飾を後補したものがあります。

江戸時代では、朝廷は実際の権力を有せず天皇家はないがしろにされていました。外国人の目には徳川家こそが日本国王であり、皇帝に見えたのでしょう。日本国王の権威のシンボルマークともなった、徳川家家紋である葵《あおい》紋が据えられた和時計を海外で見ることは少なくありません〔写真⑨〕。

そして和時計と同じように、五十目玉、百目玉といった大口径の堂々たる火縄銃の

不定時法の時盤に二十四分割のリングを新作する

〔写真⑧〕

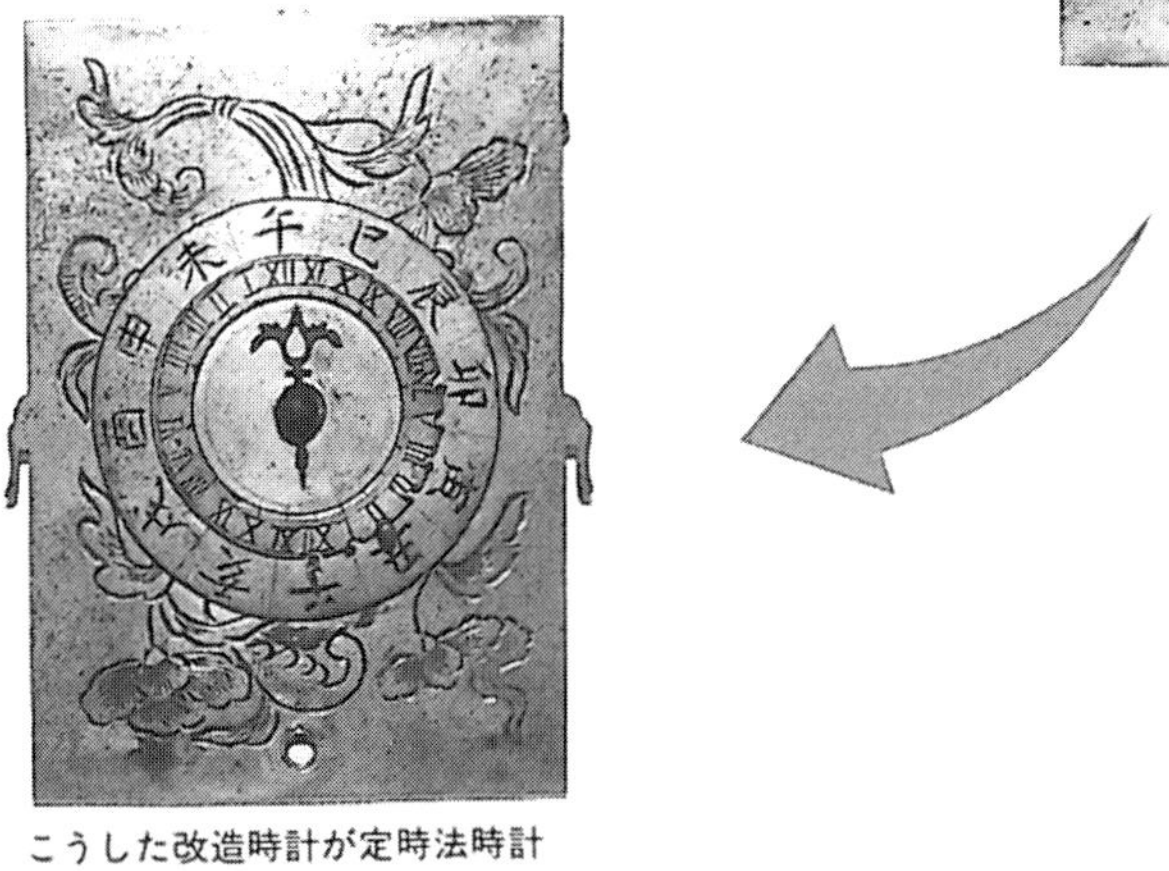

こうした改造時計が定時法時計として使用された

銃身や銃床にも葵紋が入れられて輸出されています。しかし、金や銀の布目《ぬのめ》摺象眼《すりぞうがん》が施された大きな葵紋は目立ちはしますが徳川家伝来のものではありません。時には「松平日向守」といった、有りもしない官位名までが麗々しく象眼されています。

国は貧しく外貨獲得のために偽れる盛装を凝らした古美術品が海を渡りました。これらを「ハマモノ」と称していますが、祖国のために厚化粧をして身を売った唐行き和時計や唐行き鉄砲に涙せずにはいられません。

しかし廃棄の運命を迎えた不定時法時計である和時計を何とか定時法時計として運用しようとする努力もあったのです。それは時盤を定時法の表示にして刻《とき》打の雪輪《ゆきわ》を一から十二打に改造すればよいのです。しかし二十四時間を一面に分割し、分針もな

〔写真⑨〕櫓時計。徳川家伝来

いのでは、明治の文明開化と近代化されていく新しい生活には役に立たず、実用的ではありませんでした〔写真⑧〕。

アメリカ製の安価で正確なボンボン時計が大量に輸入され、一般の庶民でさえ急速に新しい定時法の時制になじんでいったのです〔写真⑩〕。

永い泰平の時代の夢から覚めた和銃の運命も同様でした。もはや旧式火縄銃の時代ではなかったのです。

幕末にはロシアをはじめイギリス、アメリカ、フランスまでが日本の開国を強要します。黒船と呼ばれた巨大な艦船と強力な火砲を目前にして、彼我《ひが》の軍事力や工業力の歴然たる格差にがく然とします。

安政の開国後、幕府や諸藩は競って外国製軍用銃を輸入し、その総数は七十万挺とも推定されています。いわば、これらが明治維新を戦い抜いたのです。

和時計も和銃も消え去りはしましたが、決して滅び去ったわけではありません。その技術と伝統は、その後の文明開化、富国強兵の歴史の中に生き続け、今日のハイテク工業立国日本、経済大国日本を形成する大きな原動力となったのです。

〔写真⑩〕高価であった和時計を駆逐した、安価で正確なアメリカ製ボンボン時計。一八七一年イングラハム社製（奈良市時の資料館蔵）

あとがき

平成三年の晩秋、京都思文閣美術館において、澤田コレクション「江戸時代の科学―鉄砲からハイテクへ」と題して銃砲展が開催された。

この展覧は国立京都大学に職を置かれる吉村滋太氏が企画されたもので、思文閣美術館での受け入れの交渉や実際の展示作業にまで献身的な御協力を賜わった。

氏は関西では著名な刀剣・刀装具の研究者であり、蒐集家でもあられる。加えて刀剣研究者には希有な古式銃の研究者でもあり、コレクターでもあられる。氏の刀剣類に対する厳しい審美眼は古式銃に対しても鋭い鑑定手法として生かされ、常人が見逃すような鑑識点までを指摘されて私自身も多くの学習をさせていただいた。

昨今、銃砲が戦争や犯罪の具として人類に禍する様相は目を覆うばかりのもので、銃器は忌わしい存在以外の何者でもなく、私たち市民生活の中には全く不必要なものとなっている。

しかし銃砲が発明され発達する過程において人類に与えたさまざまな影響には多面性があり、特に科学技術の進歩の面での影響は無視できるものではない。伝来直後から軍事産業として出発したであろう鉄砲製作の技術が、江戸時代に入って平和的な産業技術へと転用されていった事実は、資史料が現存することで示されている。

そうした資史料の調査と蒐集の成果を思文閣美術館において展示解説したのである。和時計もその技術の延長線上にある代表的な作品であり、江戸時代の精密ハイテク機器としていかに最先端の技術であったかを示すために、特に入念な展示と解説がなされていた。

この企画展は二カ月間開催され、東京の有名な総合雑誌出版社であるワールドフォトプレス社の代表が来館され、和時計と鉄砲という一見、何の連繫も見られない両者の相関性に着目された。ワールドフォトプレス社が刊行される数多いカラー雑誌の中で年四回、季刊発行されている時計専門誌『世界の腕時計』に「和時計の歴史」と題して三年間の連載執筆の依頼を受けたのは平成四年の春であった。

美しいカラー写真で飾られ、和時計ばかりではなくその周辺に存在した江戸時代の科学製品を紙面いっぱいに紹介される様は圧巻であった。そしてこの連載によって「銃砲史から見た和時計」という新しい視線や視点がユニークであったばかりではなく、和時計研究の本質をもついていたことが広く認められた。読者の反響が大きかったのである。

平成四年の五月号から始まったこの連載は平成七年の五月号で終了したが、三年間にわたるこの連載を温かい目で注目して、単行本として世に出して下さったのが淡交社東京編集局である。

本書に対して本格的な時計史の研究者からは異論や批判の言葉も少なくないと思う。

しかし和時計史そのものが多くの謎に包まれ、その全貌を解明論述することは絶対に不可能である現況において、従来すでに述べられて来たことを自己の研究のように装って、ただ繰り返して述べるだけの和時計研究書など陳腐で辟易させられるだけのものである。

本書の刊行に際して忘れ得ぬ人物がある。その人は古武具研究の大家であり、歴史小説の作家でもあられる東京都在住の名和弓雄先生である。私にとって人生の恩師でもある名和先生から古式銃やその関連用具、その用法や砲術について細やかな御指導を頂いた。

世に空虚な権威に溺れて学者ぶり、得てして他の研究者を誹謗したり排斥する者がいる。

しかし名和弓雄先生は心の広い方で、多くの武具研究者や武術を志す人々を育てて来られた。弟子や門人に接する姿は常ににこやかで上品で優しい。

「真面目な研究の成果は本にして世に残しなさい。それはこの世に生を享《う》けた証でもありますから」。

慈父のごとき先生のお言葉が研究心をいっそう旺盛なものにした。原稿用紙の使い方も知らなかった私に初歩的な原稿の書き方から懇切に指導して下さった。以後は次々と出版される先生の御著作が良き教典となったのである。

現在私は不肖の弟子として名和先生の教訓を充分に生かしていない。人を尊敬することさえ知らなかった無学で不遜な私に学習の意欲と新しい人生を与えて下さった、この世で最も尊敬する名和弓雄先生に本書を捧げたいと思う。

平成八年二月　　　　澤田　平

●御教示をいただいた方々(敬称略)
佐々木勝浩
平上信行
野々山　修
加藤高康
林　利一
東野　進
小田幸子
牧春三郎
石黒敬章
後藤昌男
西本公忠
斉内弓四郎
小西　修
鈴木一義

●引用文献
機巧図彙
中島流砲術管闚録
一東視窮録
一貫斉文書
久米通賢文書
京羽二重
司天台諸器図

●資料提供
国立科学博物館
嵐山美術館
鎌田共済会郷土博物館
久能山東照宮
正立寺
近江神宮
松平公益会
伊能忠敬記念館
セイコー時計資料館
和科学学会

写真提供＝(株)ワールドフォトプレス

再版に際して

機械構造製品として鉄砲の世界から機械時計の世界へ飛び込んだ結果、そこで天文地理という大宇宙の広がりを見ることになった。御時計師として和時計の製作や修復を数多く行い、時計師の技術が他の精密な製品を生み出していることを知った。

そして私はその技術的実験を実際に体験したのである。

授時簡《じゅじかん》の発見と奉納

記録だけが有り、現物が無かった授時簡を発見し、完全修復に成功して研究を終えた。

授時簡の開発者は天文博士・安倍晴明から二十七代目の土御門泰邦である。

令和五年、国内唯一のこの歴史的な天文観測用時計は泰邦ゆかりの地である大阪市阿倍野区の安倍晴明神社に奉納し、社宝として保存されている。

大阪日日新聞　（令和5年）7月24日　月曜日

天文観測用時計「授時簡」

阿倍王子神社へ奉納

江戸科学研究者の澤田平さん＝大阪市東成区＝は、陰陽師・安倍晴明の子孫、土御門泰邦（1711〜84年）が開発したと伝わる時計を晴明ゆかりの阿倍王子神社（同市阿倍野区、長谷川裕高宮司）へ奉納した。

太陰太陽暦の「宝暦暦」を手がけたことで知られる土御門泰邦は、和時計を改良した正確な天文観測用時計「授時簡」も開発した。

1日を百等分する「百刻目盛」や不定時法・定時法の目盛も備えたメカニズムを記した史料だけが長らく伝わり、実物の存在は長年確認されていなかった。平成に入り、澤田さんがたまたま外部の業者から修理依頼を受けた和時計が授時簡と判明し、交渉の末、入手に至った。

運よくパーツの欠品はなく、澤田さんは動作良好の状態で収蔵。過去には同神社で展示を兼ねた講演会も実施してきたが「ゆかりのある場所で永遠に保存されるべきだ」と奉納の意向を伝え、このほど届けられた。

末社である安倍晴明神社の宮司も兼務する長谷川宮司は「本当に貴重なもので大変ありがたい。晴明公ゆかりの社宝として代々受け継いでいきたい」と話した。

澤田さんは操作法を解説しながら「授時簡はこの神社に納まる運命にあったと思う。安住の地でいつまでも動き続けてほしい」と願いを込めた。授時簡は社宝につき非公開。（佐々木誠）

長谷川宮司（左）に「授時簡」を奉納した澤田さん

「授時簡」の構造を解説する澤田さん

陰刻（不定時法）
陽刻（定時法）
百刻（百分割目盛）

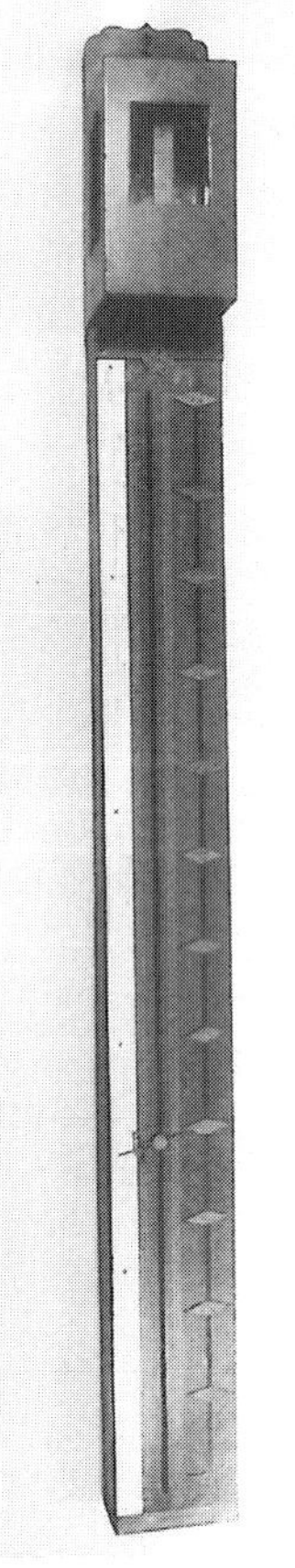

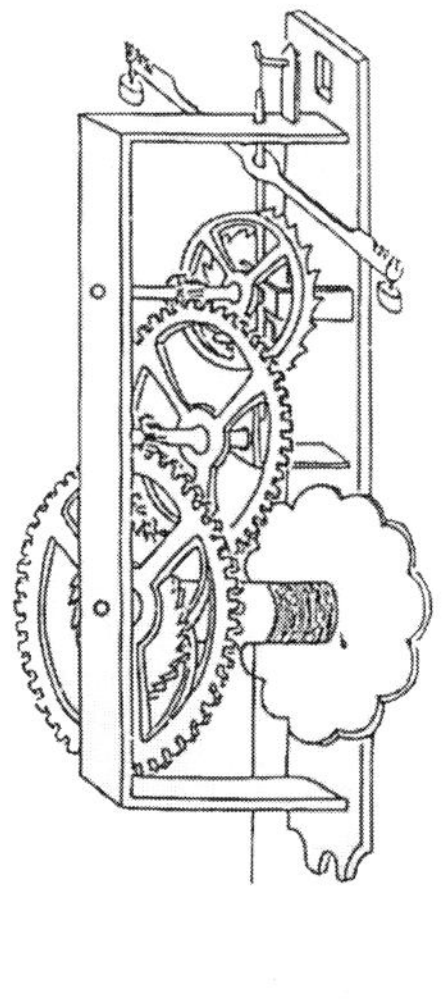

授時簡機械部

須弥山儀（しゅみせんぎ）

国内に4機しか現存しない、仏教天文学によるプラネタリウム和時計で、カラクリ儀右衛門こと田中久重の作品である。

海外流失の寸前に空港で私がストップさせ、私が保管することとなった。

購入金額は二千万円であった。外国人に手荒く扱われ、破損があり故障していたが、二年がかりで完全に修復を終えた。

同時に2機を完全復元製作したがレプリカではなく、平成時代の本格的な須弥山儀を完成させた。田中久重作品のオリジナルは久重が創始者である「東芝」の資料館に寄贈し、現在は館の代表的な展示資料となっている。

和時計

織田信長公愛用のポルトガル南蛮時計？の修復

岐阜県長良福光に座す神護山・崇福寺は「信長寺」とも呼ばれ、信長父子の位牌や遺品が祀られている立派な寺院であるが、ボロボロに壊れた巨大な櫓時計が肩身狭そうに本堂脇に置かれていた。信長愛用、となれば日本最古の機械時計であり、確認のために崇福寺に参詣し寺宝であるこの時計を鑑定した。

天符も曲がり壊れているが、紛れもなく江戸時代中期に製作された、日本国内製の袴腰二挺天符式和時計であった。ご住職にその旨をお伝えしたが、やや落胆されたご様子であった。

この数年後に修復ご奉仕を申し出、一年がかりの作業によりこの巨大和時計は再び動き始め、高らかに美しい鐘の音を鳴り響かせた。

私は幻の信長時計を蘇生させたのである。

佐久間象山愛用の和時計の発見と修復

古美術店で佐久間象山家から出た、といわれる和時計を発見・調査の結果、来歴に相違なく確認したが、あまりに高価だったため購入できなかった。数十年後、高槻市のしろあと歴史館に寄贈品として保管されている象山時計と再会した。破損していたため館の依頼で修復し、現在は館内で展示され完動している。

天体観測用精密時計「加賀型・垂揺球儀」の復元

大阪市立科学館から天体観測用和時計「垂揺球儀《すいようきゅうぎ》」の復元依頼を受け、加賀金沢で開発されたシンプルではあるが精度の高い「符天儀」と称する垂揺球儀を復元・製作し科学館に納入した。

オリジナル原品は澤田コレクションに保存。

「測量器具」は最高級の精度

民間研究者、沢田さん発表

端数示す「副尺」採用

地平儀など復元で確認

坂出の塩田築造などで知られる江戸時代後期の讃岐の技術者、久米通賢《みちかた》（1780～1841）が製作した測量器具が、当時の日本では最高レベルの精度だったことを、民間研究者の沢田平さん（65）＝大阪市東成区＝が発表した。

復元された久米通賢の測量器具と沢田平さん

久米通賢使用測量具「地平儀《ちへいぎ》」の完全復元

久米栄左衛門通賢の製作した「地平儀」はダイヤゴナル目盛りを採用するなど、全国測量を行った伊能忠敬の測量機具よりも先進的であった。

総漆塗りの豪華な地平儀の完全復元に成功した。

伊能忠敬の観測・測量器具の新製

日本全国を歩いて実測し、「大日本沿岸輿地全図」を完成させた伊能忠敬が使用した、中象限儀の完全復元を、大阪市立科学館から依頼された。

実物は国宝指定となっており、これを調査し、実物に優る本格的な中象限儀を製作・完成させた。現在、大阪市立科学館の四階天文学コーナーにて同時に復元した天体観測用時計「垂揺球儀」と共に常設展示されている。

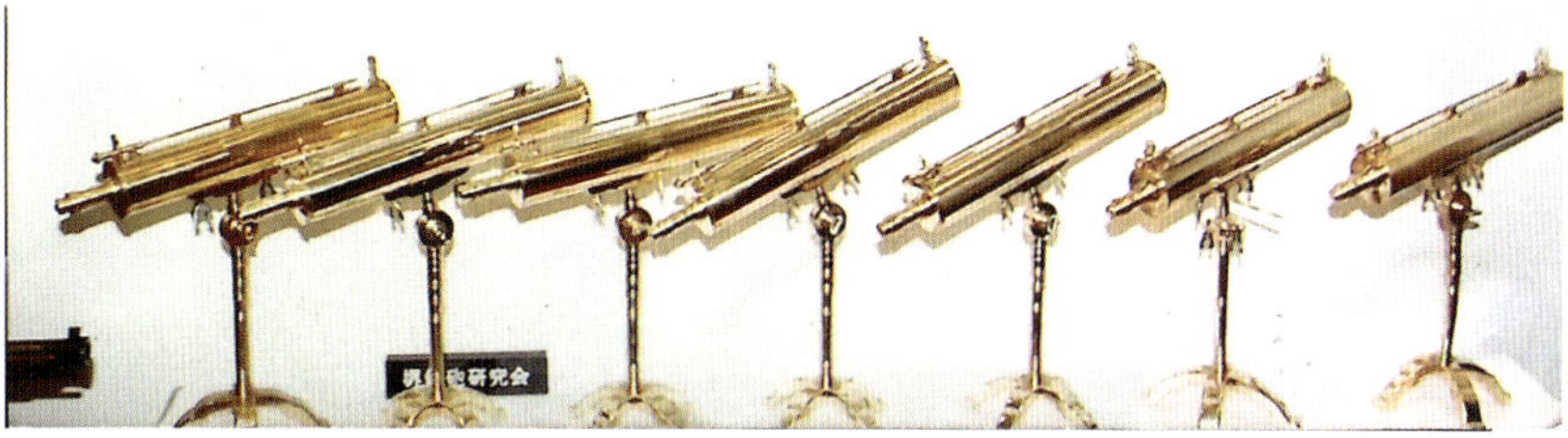

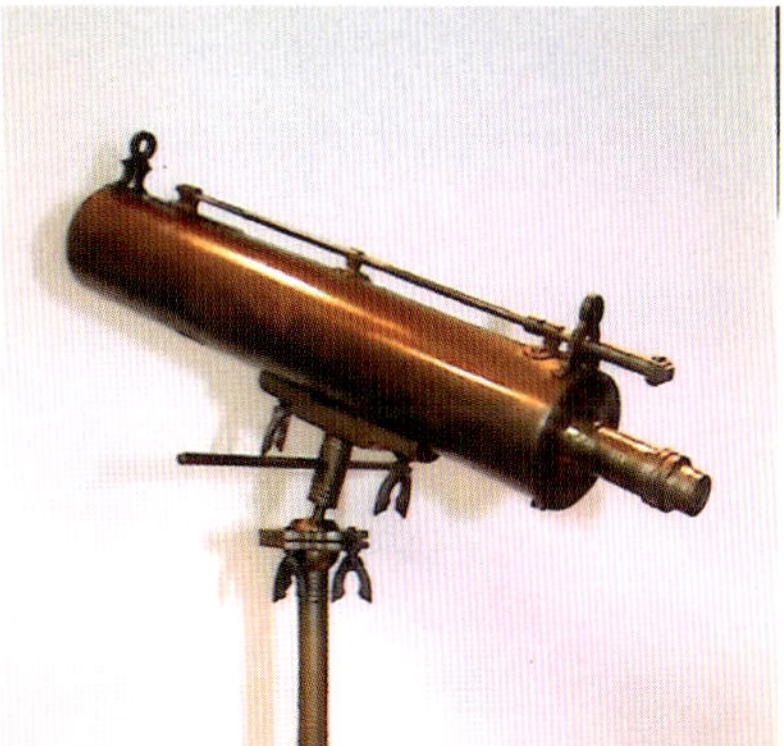

国友一貫斎型　反射望遠鏡復元

国友藤兵衛能当は我が国唯一の金属製遠眼鏡グレゴリー式反射望遠鏡を製作した。

現存する４機を見本として８機を復元・製作した。

京都新聞

江戸の地震予知計復元

大阪の男性　和時計の技術使い

江戸時代末から明治初期に作られたとみられる地震の予知計を大阪市内の男性が入手し、自力で再現した。安政年間の東海、南海地震や江戸地震

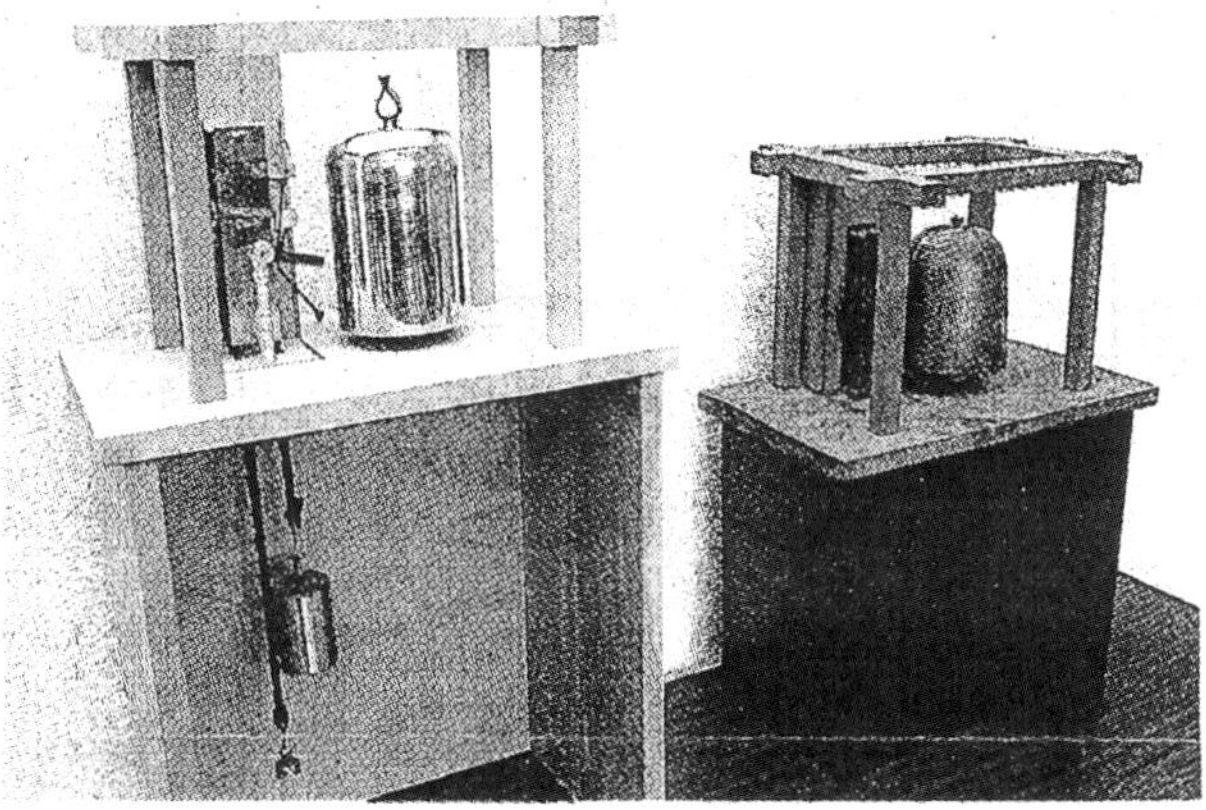

100年以上前に作られたとみられる地震予知計（右）と復元品

などが相次いだ時期の製造らしく、予知計の存在は古文書に残っているが、現存機器は極めて珍しいという。

同市東成区の接骨院経営澤田平さん(六六)で、古式銃や和時計の研究家として著書も多い。予知計は大阪府内の骨とう品店から今年五月に入手したという。

四千人余りの犠牲者を出した一八五五(安政二)年の江戸地震を題材にした古文書に「地震の前に磁石についていたクギが落ちた」との記述があり、磁石に張り付いた金具に重りが結びつけられ、磁力が弱まると重りが落ちて鐘を鳴らす装置も紹介されている。

澤田さんが入手した予知計も同じ原理に基づいている。鐘が割れ、歯車や重りが紛失していたが、澤田さんが得意とする和時計の技術が使われていたため、欠けていた部分を推測して作り直した。

古文書などに残る過去の地震被害に詳しい宇佐見龍夫東大名誉教授は「予知計の現物が見つかったのは初めてではないか。科学史の面からも非常に興味深い」と話している。

2001年(平成13年)9月4日　火曜日

地震予知機

佐久間象山がソンメル等の洋書からヒントを得て作製。磁力減少をセンサーとする。

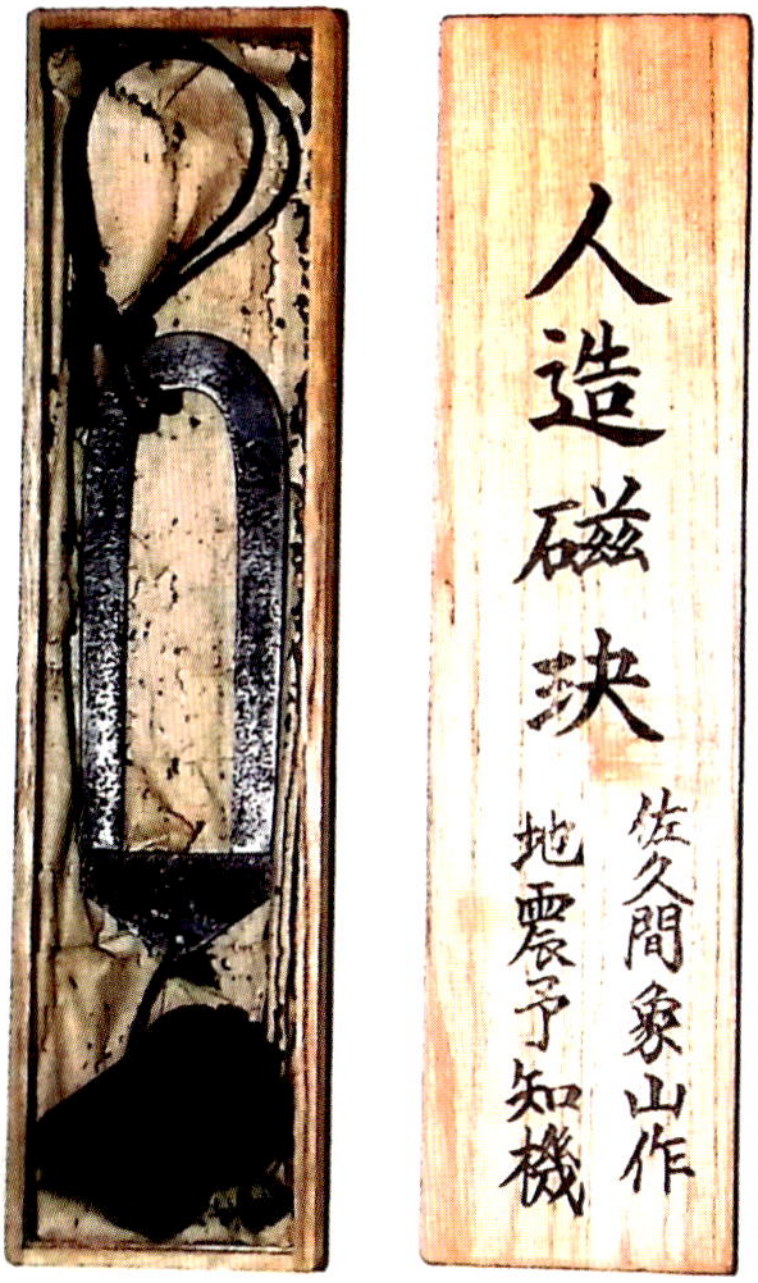

江戸時代の地震予知機
その発見と復元

和時計台時計型

和時計型
台時計の時打ち鐘と目覚まし鈴が
地震来襲の二時間前にけたたましく
鳴り響く

安政見聞誌型

江戸時代の地震予知機

日本は地震大国である。この最悪の天災は予知できなければならない。

現在も不可能である地震予知機が江戸時代に3種類も完成されていたのを発見し、科学的理論に基づく3機を完全復元した。

エレキテル 元気"発電"

江戸期の国産6種復元

堺鉄砲研究会「科学者の意気込み、感じて」

大阪の歴史研究グループが、江戸時代に国内で作られた6種類の電気発生装置「エレキテル」の復元に成功した。博物学者、平賀源内が製作したものが有名だが、幕末の思想家、佐久間象山《しょうざん》によるエレキテルなど各地で作られたものを再現したという。復元にかかわった沢田平さん(77)＝大阪市東成区＝は「日本の電気産業の原点ともいうべきもので、江戸時代の科学者たちの意気込みを感じる」と話している。

（中井美樹）

復元を行ったのは、大阪に拠点を置く歴史研究の市民グループ「堺鉄砲研究会」。かつて堺で製造が盛んだった鉄砲だけでなく、からくり時計など江戸時代の技術やものづくりについても調べている。会を主宰する沢田さんは、テレビ東京系の番組「開運！なんでも鑑定団」で、和時計や古式銃などの鑑定を担当したこともあるという。

整骨院を経営する沢田さんは、佐久間象山が製作したエレキテルが電気治療器として医療用に使われていたと知り関心を持った。再現したものは、実際に治療器具としての効果も確認。沢田さんは「現在でも行われている電気治療の技術が、江戸時代から行われていたのかと驚いた」と話す。

江戸時代のエレキテルは、静電気を利用して電気を起こすタイプや、希硫酸の液体に亜鉛と銅の板を差し込んだ電池を利用したタイプなど、沢田さんらの調査ではこれまで6種類が確認されていた。

うち5種類は、古道具屋や博物館で保管されていた当時の実物を参考に復元。残る1種類にあたる「日本の電気学の祖」ともいわれる大阪の町人学者、橋本宗吉のものは実物で確認できなかったが、宗吉の著作に記されていた設計図をもとに復元。電気を伝える重要な部分に火縄銃の銃身が使われていた。

平成16年に香川県の旧家で保管されているのが見つかったエレキテルは、分解すると、モーターの原理を応用した装置を取り入れているのが分かった。

「鎖国の状況下で、当時欧米でも最先端だった技術が使われている。電気という未知のものに挑み、エレキテルを作り上げた意気込みに感心する」と沢田さんは感慨深げに語る。復元したエレキテルは沢田さんの自宅で公開中だ。

沢田さんは「最近の日本の家電産業は元気がないが、江戸時代の科学者たちの創意工夫やチャレンジ精神を改めて見つめ直して復活してほしい」と話している。

問い合わせは沢田さん（☎06・6974・1186）。

復元したエレキテルを披露する「堺鉄砲研究会」の沢田平さん＝堺市役所

エレキテル 江戸時代に作られた電気の発生装置。発生する電気を見せ物として使ったり、医療器具として利用されたりした。博物学者、平賀源内が長崎で入手した外国製品をもとに1776（安永5）年に模造製作されたものが国内最古といわれ、逓信総合博物館（東京）に現存。平成9年、重要文化財に指定された。

研究会が復元したエレキテルの製作者ら

①平賀源内	（1728～1779年、博物学者）
②橋本宗吉	（1763～1836年、日本の電気学の祖）
③大野弁吉	（1801～1870年、金沢の発明王）
④伊藤圭介	（1803～1901年、名古屋の医師）
⑤佐久間象山	（1811～1864年、思想家）
⑥ファンデンブルック	（1814～1865年、オランダ商館の医師、外国製品を国内に持ち込んだ）

江戸時代の電気治療器エレキテル、全種六台を復元複製。

死者をも蘇らせるエレキテル

江戸時代の電気医療器として、平賀源内・佐久間象山・伊藤圭介・橋本宗吉らによる6機の電気医療機を研究し、完全復元に成功した。ＡＥＤと同様の効果があり、仮死者を蘇生させる機能を確認した。

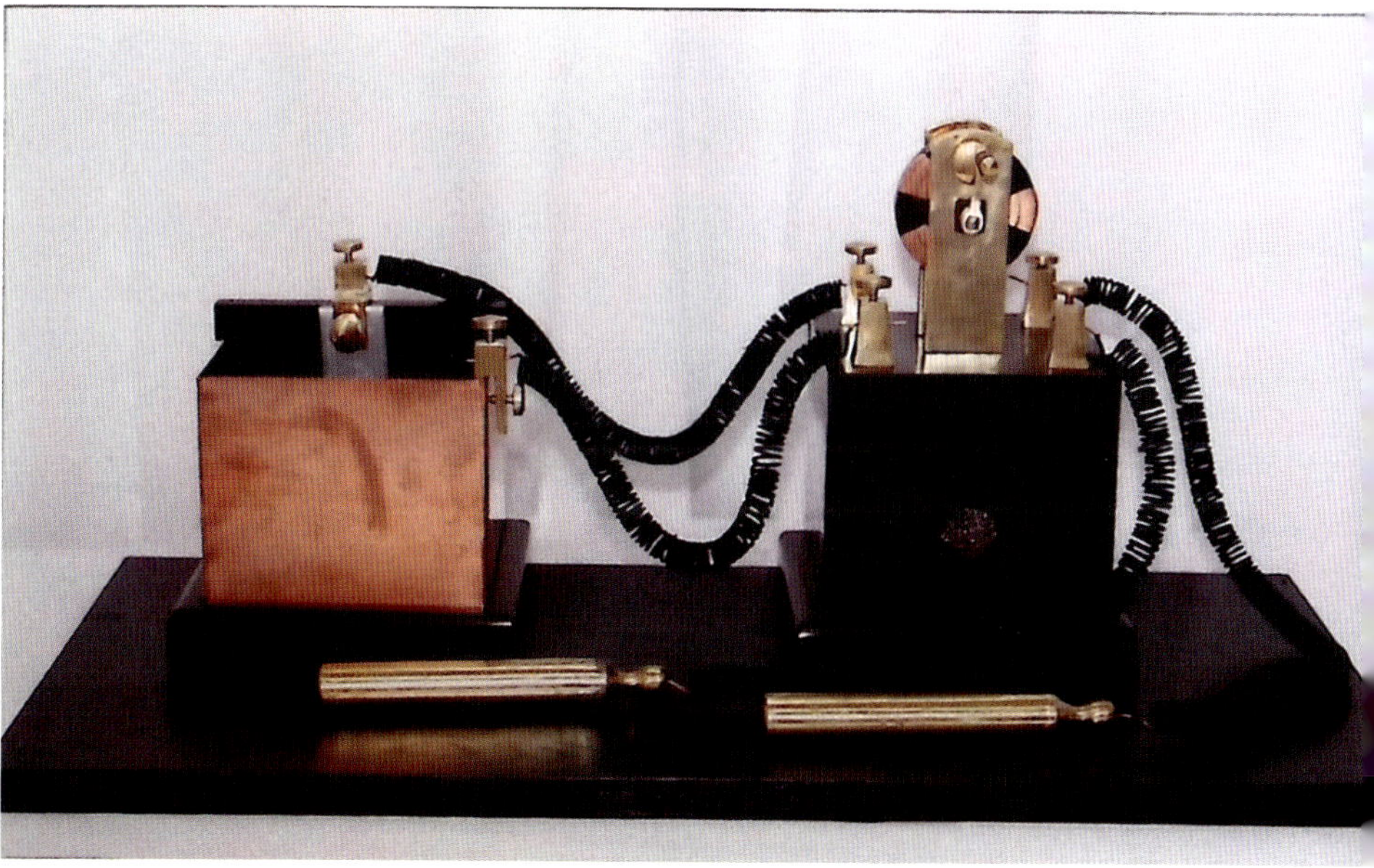

伊藤圭介型エレキテル

平賀源内型エレキテル

橋本曇斎型エレキテル

フォンデンブルック型エレキテル

佐久間象山型エレキテル

大野辨吉型エレキテル

澤田 平（さわだ・たいら）

昭和10年5月8日，大阪市にて出生。近畿大学法科・関西医療学園を経て，現在澤田整骨院院長。本業の傍ら，愛知・三河の砲術師の末裔として長年式砲術と古式銃の研究に取り組む。一方，自宅に残されていた元禄期の和時計を修理した際，その精密なメカニズムに驚き，古い文献を頼りに独学で製作を始める。昭和・平成唯一の和時計の製作・復者。堺鉄砲研究会主宰。

著書＝『「櫻町鉄砲」「日野鉄砲」「鉄砲からハイテクへ」』

『日本の古銃』

『江戸時代の空気銃「気泡」』

『砲術士筒「武道芸術秘伝図注解」』

『久米通賢の鉄砲』

『随機備用方注解』

『天文乞食「朝野北水」』

『名銃百選』

『鉄砲をすてなかった日本人』

鉄砲から見た和時計
（増補改訂版・和時計）

2024年 9月10日 第1版第1刷印刷　著 者 澤 田 平
2024年 9月15日 第1版第1刷発行　発行者 千 田 顯 史

〒113—0033 東京都文京区本郷4丁目17—2
発行所 （株）創風社 電話（03）3818—4161 FAX（03）3818—4173
振替 00120—1—129648
http://www.soufusha.co.jp

落丁本・乱丁本はおとりかえいたします　印刷･製本 協友

ISBN978－4－88352－281－1